全国应用型高校3D打印领域人才培养“十三五”规划教材

3D打印的后处理及应用

主　编　陈森昌
副主编　陈　曦

华中科技大学出版社
中国·武汉

内 容 简 介

本书介绍了 3D 打印件的后处理和 3D 打印技术的具体应用。后处理方面介绍了主要的 3D 打印方法后处理的目的、具体操作过程和要求。3D 打印技术的应用方面着重介绍了在未来更有发展前景的方向，如工业与艺术设计、首饰设计与制造、医疗和生物等。

本书既可以作为应用型高校学生学习的教材，也可以作为 3D 打印从业人员或 3D 打印爱好者的参考书籍。

图书在版编目(CIP)数据

3D 打印的后处理及应用/陈森昌主编. —武汉：华中科技大学出版社，2017.7（2024.8重印）
全国应用型高校 3D 打印领域人才培养“十三五”规划教材
ISBN 978-7-5680-2931-5

Ⅰ.①3… Ⅱ.①陈… Ⅲ.①立体印刷-印刷术-高等学校-教材 Ⅳ.①TS853

中国版本图书馆 CIP 数据核字(2017)第 126889 号

3D 打印的后处理及应用
3D Dayin de Houchuli ji Yingyong

陈森昌　主编

策划编辑：张少奇
责任编辑：戢凤平
封面设计：杨玉凡
责任校对：刘　竣
责任监印：徐　露
出版发行：华中科技大学出版社（中国·武汉）　电话：(027)81321913
武汉市东湖新技术开发区华工科技园　邮编：430223
录　排：武汉楚海文化传播有限公司
印　刷：广东虎彩云印刷有限公司
开　本：710mm×1000mm　1/16
印　张：8.25
字　数：166 千字
版　次：2024 年 8 月第 1 版第 7 次印刷
定　价：29.80 元

全国应用型高校3D打印领域人才培养“十三五”规划教材

编审委员会

序

3D打印技术也称增材制造技术、快速成形技术、快速原型制造技术等，是近30年来全球先进制造领域兴起的一项集光/机/电、计算机、数控及新材料于一体的先进制造技术。它不需要传统的刀具和夹具，利用三维设计数据在一台设备上由程序控制自动地制造出任意复杂形状的零件，可实现任意复杂结构的整体制造。如同蒸汽机、福特汽车流水线引发的工业革命一样，3D打印技术符合现代和未来制造业对产品个性化、定制化、特殊化需求日益增加的发展趋势，被视为“一项将要改变世界的技术”，已引起全球关注。

3D打印技术将使制造活动更加简单，使得每个家庭、每个人都有可能成为创造者。这一发展方向将给社会的生产和生活方式带来新的变革，同时将对制造业的产品设计、制造工艺、制造装备及生产线、材料制备、相关工业标准、制造企业形态乃至整个传统制造体系产生全面、深刻的影响：(1)拓展产品创意与创新空间，优化产品性能；(2)极大地降低产品研发创新成本、缩短创新研发周期；(3)能制造出传统工艺无法加工的零部件，极大地增加工艺实现能力；(4)与传统制造工艺结合，能极大地优化和提升工艺性能；(5)是实现绿色制造的重要途径；(6)将全面改变产品的研发、制造和服务模式，促进制造与服务融合发展，支撑个性化定制等高级创新制造模式的实现。

随着3D打印技术在各行各业的广泛应用，社会对相关专业技能人才的需求也越来越旺盛，很多应用型本科院校和高职高专院校都迫切希望开设3D打印专业(方向)。但是目前没有一套完整的适合该层次人才培养的教材。为此，我们组织了相关专家和高校的一线教师，编写了这套3D打印技术教材，希望能够系统地讲解3D打印及相关应用技术，培养出适合社会需求的3D打印人才。

在这套教材的编写和出版过程中，得到了很多单位和专家学者的支持和帮助，西安交通大学卢秉恒院士担任本套教材的顾问，很多在一线从事3D打印技术教学工作的教师参与了具体的编写工作，也得到了许多3D打印企业和湖北省3D打印产业技术创新战略联盟等行业组织的大力支持，在此不一一列举，一并表示感谢！

我们希望该套教材能够比较科学、系统、客观地向读者介绍3D打印技术这一新兴制造技术，使读者对该技术的发展有一个比较全面的认识，也为推动我国3D

打印技术与产业的发展贡献一份力量。本套书可作为高等院校机械工程专业、材料工程专业、职业教育制造工程类的教材与参考书，也可作为产品开发与相关行业技术人员的参考书。

我们想使本套书能够尽量满足不同层次人员的需要，涉及的内容非常广泛，但由于我们的水平和能力所限，编写过程中有疏漏和不妥在所难免，殷切地希望同行专家和读者批评指正。

史玉升

2017 年 7 月于华中科技大学

前　　言

目前，3D 打印这一“改变未来”的技术受到世界广泛关注，其自身也得到了快速的发展。而相关人才的紧缺已成为制约 3D 打印技术发展的重要因素之一。此外，人们对 3D 打印技术本身的特性、能力和适应性也缺乏了解。为了帮助解决上述这两方面的问题，作者编写了本书。本书既可以作为应用型高校学生学习的教材，也可以作为 3D 打印从业人员或爱好者的参考书籍。

本书主要介绍 3D 打印件的后处理和 3D 打印技术的具体应用。对 3D 打印件的后处理方面，介绍了主要 3D 打印方法后处理的目的、具体操作过程和要求。具体应用则主要介绍了 3D 打印技术在小批量产品的制造、工业与艺术设计、创意设计、首饰设计与制造及医疗、生物领域中的应用。

3D 打印件的后处理是对成形后零件的处理，这是关系成形件质量的重要工序之一，目前还没有书籍进行过集中讨论。本书对大部分常用 3D 打印方法成形件的后处理进行了介绍。3D 打印技术的应用是 3D 打印的主要研究领域之一，已有很多介绍相关内容的书籍，本书试图在未来更有发展前景的方面，如工业与艺术设计、首饰设计与制造、医疗和生物等，进行相应应用新进展的介绍。

本书的项目 5 由陈曦撰写，项目 4 由陈曦、陈森昌共同撰写，其余项目由陈森昌撰写，全书由陈森昌统一审定。书中除一般原理的介绍外，还列举了大量的事例，这些事例一部分是作者的积累，一部分来自参考文献，还有一小部分来自行业报道，报道的事例最少都经过两家不同渠道报道，以求真实。在此，对所参考书籍、论文和报道的作者表示最衷心的感谢。学生柯美霞、方泽民、梁文媛、许青云和陈钰洁帮助收集、整理了大量的资料，对他们的辛勤工作表示感谢。

本书在编写过程中使用了部分图片，在此向这些图片的版权所有者表示诚挚的谢意！由于客观原因，我们无法联系到您。如您能与我们取得联系，我们将在第一时间更正任何错误或疏漏。

面对 3D 打印行业的飞速发展，面对大量的研究论文和最新报道，作者越来越感到惶恐，生怕由于自己的学识、能力有限，对材料的取舍、理解存在偏颇，对发展方向的判定有失准确。对于书中可能存在的疏漏，恳请广大读者不吝批评、指正，以便在将来合适的时候对其进行修改、完善。

编　者

2017 年 3 月

目　录

第1篇

3D打印件的后处理

3D 打印技术是基于离散堆积原理成形零件的一种新的自由成形技术，实现这种成形的设备称为 3D 打印机。

3D 打印机打印零件完成之后，需要通过后续处理工艺对零件做进一步的处理，这些工艺方法统称为后处理工艺，简称后处理。后处理分为直接后处理和间接后处理。直接后处理就是直接在成形件上进行处理，以达到加强成形零件强度，增加表面光洁度及保护零件延长保存时间的目的。对于不同的成形方法，直接后处理方法也有差别。间接后处理是借用成形件，通过一些简单的工艺方法处理，得到另外的零件或实体。间接后处理方法也因 3D 打印方法和材料的不同而不同。

项目 1　3D 打印件的直接后处理

因为所有 3D 打印方法打印的实体都存在台阶效应，所以去除台阶，使打印件表面光滑，是所有 3D 打印方法后处理都要进行的工序。

对于 SLS 方法，主要的后处理方法有除粉、表面打磨、浸液体材料、表面涂料等。零件成形后，需要将表面黏附的多余粉末除去，一般先用刷子将周围大部分粉末扫去，剩余的较少粉末可通过机械振动、微波振动、不同方向风吹等除去。也可将成形件浸入特制溶剂中，此溶剂能溶解散落的粉末，但是不能溶解固化成形的零件，如此可达到除去多余粉末的目的。去粉完毕的零件若还需要长久保存时，一般会在零件外面刷一层防水固化胶，以增加其强度，防止其因吸水而减弱强度；或者将零件浸入能起保护作用的聚合物中，比如环氧树脂、氰基丙烯酸酯、熔融石蜡等。处理后的零件兼具防水、坚固、美观、不易变形等特点。

对于 SLA 方法，后处理主要包括静置、强制固化。打印的零件静置一段时间，可使得成形的粉末和黏结剂之间通过交联反应、分子间作用力等作用固化完全；可根据不同类别用外加措施进一步强化作用力，例如加热、真空干燥、紫外光照射等方式。

FDM、SLA 方法的后处理除了打磨台阶，还有去除支撑结构、涂表面保护材料等。

LOM 方法的后处理先要去除不要的部分，然后打磨台阶，再进行表面防水、防潮处理。

项目目标

(1)了解 3D 打印件及后处理要求；

(2)掌握 3D 打印件直接后处理方法。

知识目标

(1)认识3D打印件的台阶效应,了解台阶效应的产生原因;

(2)了解使用辅助支撑结构的目的和作用以及主要的支撑材料种类;

(3)了解SLA继续强化的原理和方法。

能力目标

(1)掌握对3D打印件进行手工打磨、抛光和去支撑处理的方法;

(2)掌握提高3D打印件性能的化学处理方法;

(3)通过学习,掌握收集、分析、整理参考资料的方法,掌握对具体实体件的后处理方法。

任务1.1　3D打印件表面的问题及要求

3D打印件的表面比较粗糙,本任务分析了其造成的原因——台阶效应,介绍了打印悬空结构时需要支撑结构的原因,最后,分析了3D打印的要求。

1. 物体成形方式

(1)减材成形

减材成形是运用削、铣、磨、刨、钻和激光切割等分离技术有序地从毛坯剔除多余部分材料的成形方法,是传统工业生产的主要成形方法。

(2)受压成形

受压成形是利用材料的可塑性,让成形材料在特定的压力下成形的方法,如锻压成形、拉伸成形、挤压成形等,都属于受压成形。

(3)增材成形

增材成形是有序地将材料累加堆积为基本特征,以直接制造零件为目标的成形技术。

2. 3D打印的概念

3D打印技术是指利用软件分层离散和数控成形系统,通过分层加工与叠加成形相结合的方法,将零件CAD数据模型逐层打印,层层累加生成三维实体的数字制造技术。3D 打印的完整流程通常包括软件建模、三维设计、切片处理、打印过程、后处理五个步骤。

通俗地说,3D 打印件的产生是切萝卜片的逆过程。切萝卜片的过程是用刀把整体的萝卜“切”成无数的片,而 3D 打印完全相反,它是一片一片地打印出实体,然后把片叠加在一起,成为一个立体物体。

3. 3D 打印发展简史

3D 打印最初的前身是增材制造技术,在发展期间,先后又被称为材料累加制造、快速成形、分层制造、实体自由制造、3D 喷印。通过各个不同的名称,可以了解其中表达的 3D 打印工艺的技术特点。3D 打印技术的发展历程如下。

1984 年,Charles Hull 研发了 3D 打印技术。

1986 年,Charles Hull 发明了利用紫外线照射将树脂凝固成形,以此来制造物体的技术,并获得了专利,将其命名为立体光刻技术,随后成立了 3D Systems 公司。同年,Helisys 公司的 Michael Feygin 研发了分层实体制造技术(LOM)。

1988 年,3D Systems 公司开发并生产了第一台 3D 打印设备 SLA-250,向公众出售。同年,Scott Crump 研发了熔融沉积成形技术(FDM)。

1989 年,Scott Crump 成立了 Stratasys 公司。同年,C. R. Dechard 博士发明了选区激光烧结技术(SLS)。

1991 年,Helisys 公司售出了第一台分层实体制造系统。

1992 年,Stratasys 公司售出了首批基于 FDM 的 3D 打印机器。同年,DTM 公司售出了第一台 SLS 系统。

1993 年,麻省理工学院的 Emanual Sachs 教授创造了三维打印技术(3DP)的雏形,将陶瓷或金属粉末通过黏结剂黏在一起成形。

1995 年,麻省理工学院的毕业生 Jim Bredt 和 Tim Anderson 修改了喷墨打印机的方案,改为将约束溶剂挤压到粉末床,而不是将墨水挤压到纸上,改良出新的 3DP 技术,随后创立了 Z Corporation。

1996 年,3D Systems、Stratasys、Z Corporation 分别推出型号为 Actua 2100、Genisys、Z402 的 3D 打印机器,并第一次使用了“3D 打印机”的称谓。

1997 年,EOS 公司将三维立体系统业务出售给 3D Systems 公司,但其仍然是欧洲最大的 3D 打印设备生产商。

2005 年,Z Corporation 公司推出第一台高精度彩色 3D 打印机 Spectrum Z510。同年,英国巴斯大学的 Adrian Bowyer 发起了开放源码的 3D 打印机项目 RepRap,其目的是开发一种能进行自我复制的 3D 打印机。

2008 年,第一个基于 RepRap 的 3D 打印机 Darwin 被推出,同年,Objet Geometries 公司宣布推出革命性的“Connex500”快速成形系统,这是有史以来第一个能够同时使用几种不同材料的 3D 打印机。此后,许多生产厂商纷纷推出各种型号的 3D 打印机。

2011 年 8 月，英国南安普顿大学的工程师制造出世界上第一架 3D 打印飞机；同年 9 月，维也纳科技大学推出了世界上最小的 3D 打印机，质量只有 1.5 kg，报价约为 1200 欧元。

2012 年，MakerBot 个人 3D 打印机投放市场，其借鉴了 RepRap 三维打印技术，价格合理，可家用。同年 3 月，维也纳大学的研究人员利用 3D 打印技术制作了一辆长度不到 0.3 mm 的赛车模型，突破了 3D 打印的最小极限；7 月，比利时 International University College Leuven 的一个研究小组测试了一辆基本由 3D 打印制造的小型赛车，速度可达 140 km/h；12 月，美国分布式防御组织成功测试了 3D 打印的枪支弹夹。

2012 年至今，3D 打印进入快速发展的阶段，新的技术原理和方法层出不穷，新的设备不断被开发出来，3D 打印企业如雨后春笋般涌现，领先的企业进入规模化发展进程。

4. 主要的 3D 打印方法

(1)熔融沉积制造

熔融沉积制造(简称 FDM)是将丝状材料加热熔化后，通过计算机控制的三维打印头挤出，按打印模型截面数据的轮廓和填充轨迹运动，挤出的材料迅速冷却，与底层和前面的成形轨迹黏结在一起，形成一层零件截面后，工作台下移一个分层厚度，如此反复，逐层堆积出三维实体。FDM 打印成形件的强度和精度较高，但零件表面较为粗糙，需要进行后处理。FDM 的主要加工对象为热塑性材料、蜡和可食用材料组成的实体。图 1-1 所示为 FDM 成形原理示意图。

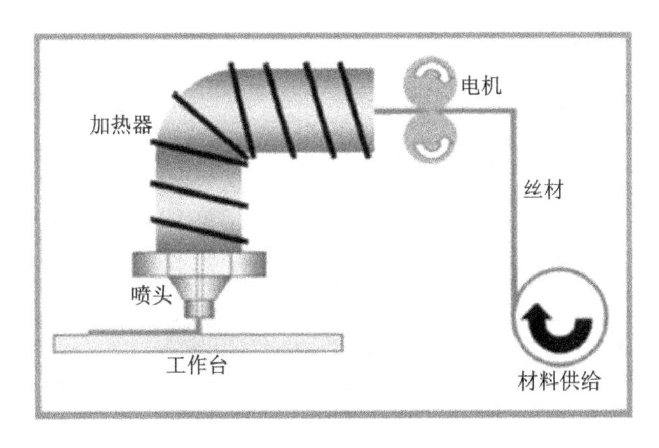

图 1-1　FDM 成形原理示意图

图 1-2 所示为运用 FDM 技术打印成形的人体半身像。

(2)立体平板印刷

立体平板印刷(简称 SLA)技术，也称为光固化成形，是以对紫外光非常敏感的液态光敏树脂为原料，通过计算机控制的紫外激光，按零件分层截面信息对光敏树脂表面进行逐点扫描，被扫描的光敏树脂发生光聚合反应而形成零件的一个薄层后，工作台托板下移一个层厚，等重新覆盖新的液态树脂，再继续打印下一层，直到打印件完全成形。该技术成形速度较快，尺寸精度高，表面质量好，但成本较高。图 1-3 所示为 SLA 成形原理示意图。

图 1-2　FDM 成形的人体半身像

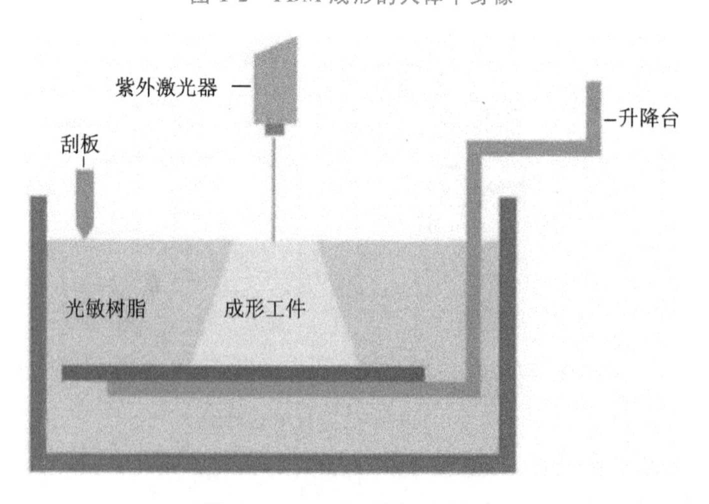

图 1-3　SLA 成形原理示意图

图 1-4 所示为采用 SLA 技术成形的国际象棋棋子。

图 1-4　SLA 成形的国际象棋棋子

(3)选区激光烧结

选区激光烧结(简称 SLS),也称为选择性激光烧结,是通过计算机控制的激光系统,按零件分层截面信息对熔点不同的混合粉末状材料进行烧结,熔点低的材料熔化后将未熔化的粉末黏结并迅速冷却形成一个零件分层后,工作台下降一个分层厚度,供粉缸推出一个分层厚度的粉末覆盖在零件分层上,重复堆积成形。从理论上来说,任何受热后能够黏结的粉末都可以用作 SLS 烧结的原材料,使用较多的是高分子材料粉末。SLS 成形件的表面质量一般,生产效率较高,运营成本较高,设备费用较贵,材料利用率接近 100%。图 1-5 所示的是 SLS 成形原理示意图,图 1-6 和图 1-7 所示的是 SLS 成形的零件。

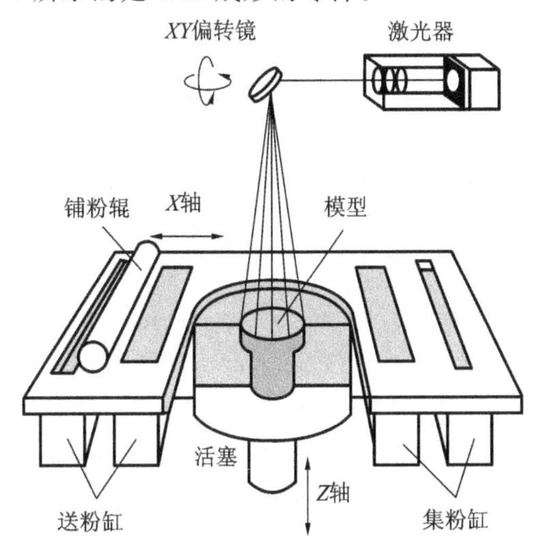

图 1-5　SLS 成形原理示意图

图 1-6　SLS 成形的零件(1)

图 1-7　SLS 成形的零件(2)

(4)粉末黏结成形

粉末黏结成形(简称 3DP),也称为三维印刷,其工艺与 SLS 工艺类似,采用粉末材料成形,如陶瓷粉末、金属粉末或高分子材料粉末。所不同的是粉末材料不是通过激光烧结连接起来的,而是通过喷头将黏结剂(如硅胶)按照零件的截面“印刷或喷”在材料粉末上面,黏结剂把粉末颗粒黏结起来。上一层黏结完毕后,成形缸下降一个距离(等于层厚,为 0.013～0.1 mm),供粉缸上升一高度,推出若干粉末,并被铺粉辊推到成形缸,铺平并压实。喷头在计算机控制下,按下一截面的成形数据有选择地喷射黏结剂在粉层表面。铺粉辊铺粉时多余的粉末被集粉装置收集。如此周而复始地送粉、铺粉和喷射黏结剂,最终完成一个三维粉体的黏结。未被喷射黏结剂的地方为干粉,在成形过程中起支撑作用,且成形结束后,比较容易去除。用黏结剂黏结的零件强度较低,还需后处理。图 1-8 所示为 3DP 成形原理示意图。

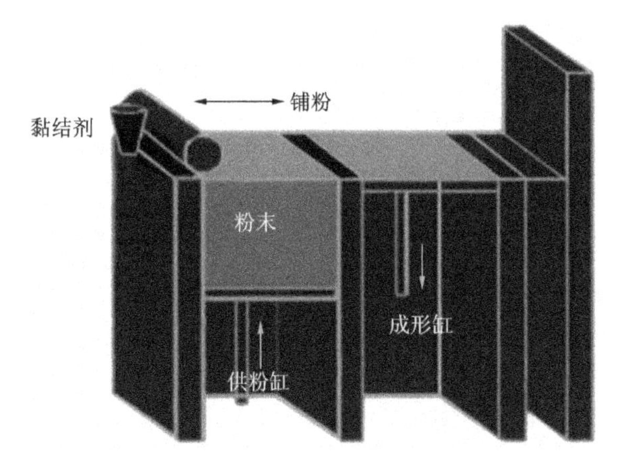

图 1-8　3DP 成形原理示意图

(5)选择性激光熔化成形

选择性激光熔化成形(简称 SLM)技术的成形过程与 SLS 基本相同,不同在于其使用金属粉末和高功率的激光器,激光束将金属粉末颗粒完全熔化成金属液体,激光束离开后,金属凝固成形。与 SLS 相比,SLM 成形件的性能高,但成本也高。图 1-9 所示的是 SLM 成形原理示意图。

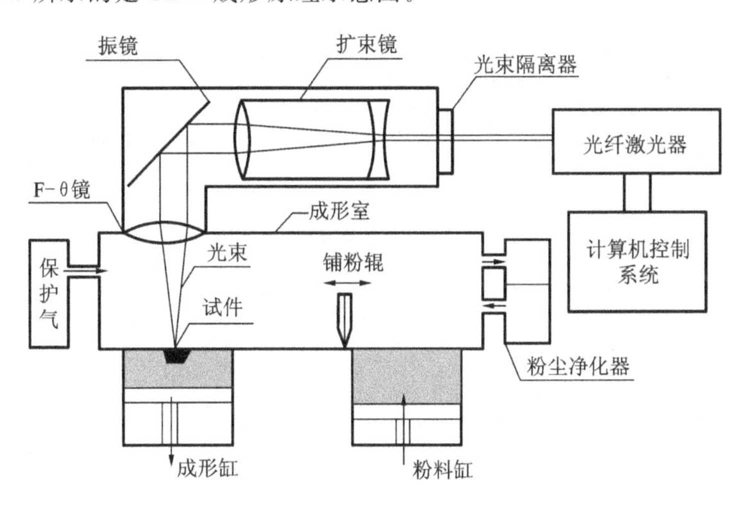

图 1-9　SLM 成形原理示意图

SLM 技术可直接成形金属件。图 1-10 和图 1-11 所示的是 SLM 成形的金属件。

(6)分层实体制造法

分层实体制造技术(简称 LOM),又称层叠法成形,是以单面有黏结剂的片材为成形材料,通过计算机控制的激光切割系统,按照计算机提取的分层截面信息,将片材用激光切割出工件的内外轮廓。切割完一层后,送料机构将新的一层材料叠加上去,再利用加热和加压装置,将其与已切割层黏合在一起,然后再进行切割，如此重复黏合堆叠、切割，最终打印成形。LOM 常用材料是纸、塑料膜、金属箔、陶瓷膜等。该技术的特点是工作可靠，模型支撑性好，成本低，效率高；缺点是前、后处理费时费力，且不易制造中空结构件。

图 1-10　SLM 成形的金属件(1)

图 1-11　SLM 成形的金属件(2)

常用纸质材料，其制件性能相当于高级木材，主要用于快速制造新产品样件、模型或铸造用木模。图 1-12 所示的是 LOM 成形原理示意图。

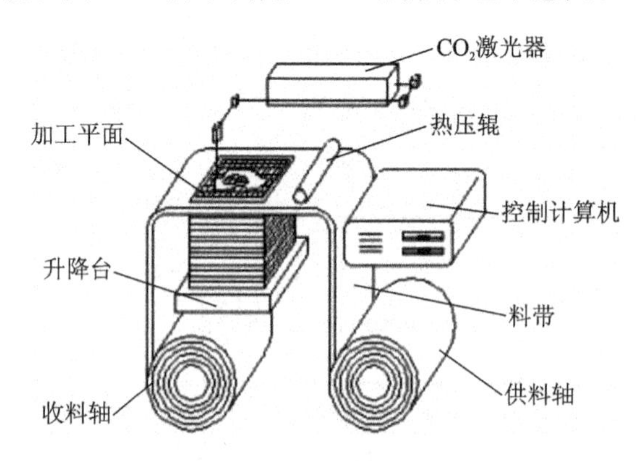

图 1-12　LOM 成形原理示意图

任务实施

1.1.1　3D 打印件的台阶效应

基于离散堆积成形的 3D 打印件，其表面上会显现每一分层之间产生的如台阶一般的阶梯，在曲面表面上显现更加明显，称之为台阶效应。产生台阶效应是由于在打印具有曲面的形状过程中，相邻层的形状轮廓存在变化，而每一分层还有一定厚度，呈现出来即为表面的台阶。

台阶效应的明显程度与成形方法和成形参数有关，对 FDM 而言，具体与喷嘴直径、分层厚度及成形角度有关。如图 1-13 所示，3D 打印模型台阶效应产生的台

阶高度 h 与分层厚度 t 及模型表面角度 α 存在以下关系：

$$h = t \times \cos\alpha \tag{1-1}$$

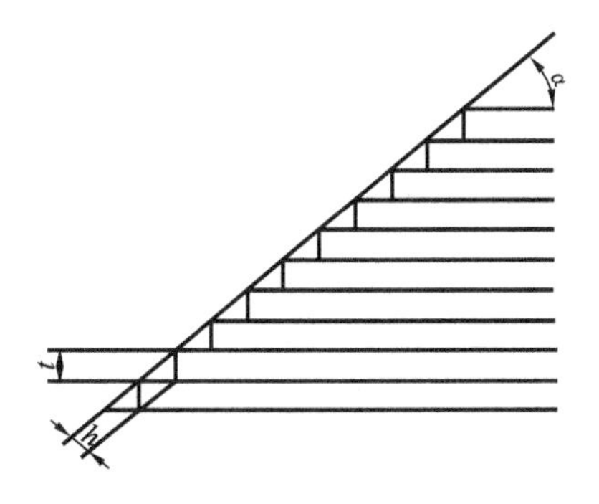

图 1-13　3D打印模型台阶效应示意图

由公式(1-1)可知，台阶高度 h 与分层厚度 t 成正比关系，与模型表面角度 α 的余弦值成反比关系。

成形同一件带斜面或曲面的制品，若打印速度加快，则每一分层的厚度会变大，台阶效应愈加明显，打印件精度就越低；若要成形高精度的打印件，则需要使成形的分层厚度变小，需打印的层数增加，打印时间增长。为了兼顾效率和精度，一般只在带斜面或曲面部分减小分层厚度，其余形状则使用比较大的分层。从图1-14可看出：用FDM方法打印的艺术品表面的台阶很明显。

图 1-14　FDM方法打印的艺术品表面的台阶

1.1.2　3D打印的辅助支撑结构

在使用某些3D打印方法（如FDM、SLA和SLM）成形时，对一些悬臂结构需要在其下增加辅助支撑结构，这些辅助支撑是为了保证悬臂结构的3D打印过程能够顺利进行。需要辅助支撑结构的原因有以下两个。

(1)在3D打印件的打印过程中，会出现由于下方打印层的面积过小，上层轮廓变化过大，使后一打印层出现部分或完全悬空，导致该打印层悬空部分变形、塌陷、精度下降，甚至完全没有办法形成完整的打印层，从而需要辅助支撑结构，防止打印层塌陷。

(2)在打印过程中，会由于打印件部分结构内应力较大，而打印材料的强度不足，导致打印件在打印过程中变形，使打印件的形状精度下降，从而需要辅助支撑结构进行支撑，使打印件减少变形或不变形，以便完成整个打印过程。

3D打印需要支撑结构的技术工艺主要有以下两种。

1. 熔融沉积制造(FDM)

FDM工艺由于熔丝只能沉积在已存在物体的上表面，当上一层打印面积有较大的变化时，下层轮廓将无法给后续层提供充分的定位和支撑，因此需要构造支撑结构以支撑悬空部分，给后续层提供定位和支撑，以保证成形过程的顺利实现。支撑结构的材料通常为蜡、塑料和水溶性材料。

2. 立体平板印刷(SLA)

SLA工艺由于光敏树脂材料的强度限制，需要在切片处理中设计出辅助支撑结构，打印过程中将同时成形出打印件和支撑结构，以保证打印过程中打印件不会出现变形。故SLA工艺支撑结构的材料也是光敏树脂。

1.1.3 3D打印的要求

1. 表面粗糙度要求

任何制造方法，如3D打印和传统的机械加工方法，成形的零件表面都不可能是绝对理想光滑的表面。在打印过程中，3D打印工艺本身无法消除的台阶效应，会使打印件表面留下凹凸不平的痕迹。但对3D打印件表面的粗糙度，不同零件和结构，甚至不同部位，都有相应要求，3D打印件本身不能满足，只有通过打磨、抛光等后处理来达到要求。

2. 强度要求

目前为止，大多数3D打印件的强度不够高，需要在成形后通过后处理提高3D打印件的强度，如后固化、热固化、延寿处理和热等静压等。

3. 尺寸精度要求

因为3D打印件存在台阶效应，打印件精度通常不是很高；如果精度要求很高，必然要减小成形层厚度，从而导致成形时间延长，效率下降。一般需要在精度和效率间取得平衡。

4. 外观要求

对仅仅做形状和尺寸验证的零件而言，其对外观没有特殊要求，但在某些验证设计等场合，则要求打印件表面的颜色能直接反应最后加工件的颜色。3D打印现在大多只能打印出单色或者双色。虽然现在有多彩打印机，但售价高，且色彩有限。为了满足对外观色彩的要求，还需要着色处理，使打印件呈现定制物品的目标颜色。

任务1.2　3D打印件直接后处理的物理方法

3D打印件打印完毕后，其表面尚需进行细致的处理。主要的物理后处理方法有表面打磨、抛光、去支撑和渗蜡处理。表面打磨和抛光是为了消除台阶效应的影响，而去支撑处理可以使打印件和支撑结构分离，渗蜡处理是为了增加打印件的强度。

1.2.1　3D打印件的直接后处理要求

3D打印件直接后处理包括了打磨、抛光、去支撑、后固化、延寿、着色等处理工艺，前三种属于物理方法直接后处理。虽然各后处理工艺有着不同目的和作用，但它们有着共同的后处理要求。

1. 按照顺序进行的要求

后处理工艺需按一定顺序进行，以防止互相干扰和影响。如进行了延寿处理后，再进行打磨处理，毫无疑问会损坏打印件表面的防护层。后处理工艺的先后顺序一般为

去支撑→后固化→打磨→蒸发→抛光→延寿→着色

2. 选择合适方法的要求

不同的3D打印工艺，其打印件的特点并不相同，需要进行的后处理也不同；而打印材料不同，使用的后处理方法也会有所区别。所以需要根据打印件的材料种类和特点，选择需要的后处理工艺和合适的后处理工艺参数。

3. 精度要求

所有的后处理工艺对打印件的精度都有影响。要根据打印件的精度要求，对打印件进行合理的后处理，防止后处理使打印件的精度不符合要求，从而需要额

外的处理或导致打印件报废。

4. 保护要求

对3D打印件进行后处理时，要防止对打印件造成损伤或导致其性能下降。如使用着色剂对金属打印件着色，易导致锈蚀，降低打印件的使用寿命。

1.2.2 3D打印件的表面打磨处理

1. 表面打磨的目的

表面打磨是借助粗糙度较高的物体通过摩擦改变材料表面粗糙度的一种加工方法。3D打印件打印完毕后，通常有可见的纹理，不符合表面粗糙度要求，并且外观感觉不好，影响客户使用体验，故需要对3D打印件进行打磨处理，使其表面光滑。

2. 表面打磨的基本过程

对打印件进行打磨处理时主要使用砂纸打磨。砂纸有详细规格，规格越高，砂纸表面粗糙度越低。打磨时，根据打磨需要先选取合适规格的砂纸。一般先用规格较低的砂纸将打印件表面大致打平，然后使用毛刷或空气喷枪清理打印件表面灰尘，并用风扇进行干燥。打印件干燥后，再用规格较高的砂纸进行打磨，重复清理、干燥两个步骤。观察打印件表面是否还有明显纹理或凹凸痕迹，若有，则使用更高规格的砂纸进行打磨，直到符合要求为止。

3. 砂纸打磨的方法

砂纸打磨分手工打磨和机械打磨两种方法。手工打磨效率低下，但可以打磨一些结构较为复杂的零件；机械打磨效率较高，但只能打磨零件的外部表面。根据零件结构特点和要求，可以灵活选择打磨方法，或者将两种方法结合起来进行打磨处理。

砂纸打磨是一种最常用、廉价且行之有效的方法，也是3D打印件后期抛光最常用、使用范围最广的技术。砂纸打磨在处理比较微小的零部件时会有问题，因为它依靠人手或机械的往复运动，人手够不到，或者机械不接触的地方就打磨不了。

用FDM技术打印出来的成形件往往有一圈圈的纹路，书本大小的对象用砂纸打磨需要15 min左右，但如果表面结构复杂，时间往往会翻倍。如果零件有精度和耐用性的最低要求的话，一定不要过度打磨，而要提前计算好需打磨掉多少材料，否则过度打磨会使得零部件变形，甚至报废。

1.2.3 3D打印件的抛光处理

抛光处理指利用柔性抛光工具和磨料颗粒或其他抛光介质对工件表面进行加工修饰，使工件获得光滑表面、镜面光泽或消除光泽等的加工方法。

常见的抛光方法有下列两种。

1. 机械抛光

机械抛光现有两种方法，一种是抛光轮抛光，另一种是珠光处理。

抛光轮抛光是通过抛光轮的高速转动，加入抛光膏的抛光轮与打印件发生较强烈的摩擦，使打印件表面发生塑性变形，从而逐渐将打印件的细微突出处磨掉，直至表面平整光滑。抛光轮是由棉布或皮革等较软的材料制成的，抛光膏则由金属氧化物的粉末和石蜡等混合而成。

抛光轮抛光主要用于金属打印件，该方法存在能量和材料损耗较高，操作较为复杂的问题。

珠光处理是使用抛光机进行抛光。操作人员手持抛光机的喷嘴朝着打印件高速喷射介质小珠，对打印件表面进行摩擦，从而达到抛光的效果。珠光处理中喷射的介质通常是很小的塑料颗粒，一般是经过精细研磨的热塑性颗粒，比较耐用。小苏打颗粒是另外一种材料，因为硬度较低，也是很好的喷射材料，但是与塑料珠相比不易清理干净。

珠光处理可用于蜡、高分子材料、金属等制成的3D打印件，处理速度快；抛光机一次只能对一个打印件抛光，并且暂时无法对体积较大的打印件进行抛光。

2. 抛光液抛光

对于不同的材料，可以用不同的3D抛光液进行抛光。如对以铁为打印材料的制品，可以将其浸泡在氧化铬微粉和乳化液混合的抛光液中进行抛光。

抛光时先将抛光液注入操作器皿内，并准备好回收装置，然后再将打印件放入操作器皿内，浸泡时间则根据抛光液的种类、环境温度和环境影响进行确定。浸泡一定时间后即用回收装置进行回收，注意避免浸泡时间过长而导致制品精度下降。

1.2.4　3D打印件的去支撑处理

3D打印技术中关于支撑技术的难点和技术核心是如何让支撑结构能够支撑住工件，同时又能把支撑结构很容易地从工件上剥离出去。目前，3D打印件的去支撑方法有三种，分别为手工去除、化学去除和加热去除。

1. 手工去除

手工去除是指操作人员用剪钳、镊子、铲刀、锯子等简单的工具，使支撑结构与打印件分离。这是最常见的一种方法，FDM和SLA工艺都可使用此方法进行去支撑处理。此方法去除效率较低，打印件易留残渣粉末或凹凸不平的支撑根部，多用于SLA工艺成形的零件。

2. 化学去除

化学去除指使用某种溶液让支撑结构溶化而不影响打印件的支撑去除方法。如FDM工艺，支撑材料为水溶性材料，只需使用水枪进行冲洗即可迅速将支撑结构溶化去除。这种方法去除效率高，打印件表面干净。该方法主要用于FDM工艺，拥有支持多材料打印设备的 SLA 工艺也可以使用。

3. 加热去除

当支撑结构的材料是蜡，而打印件材料的熔点比蜡的熔点高时，可以用热水或适当温度的热蒸汽，使支撑结构熔化而与打印件分离。使用这种方法打印件表面干净，但去除效率比化学去除法低些。此方法主要用于 FDM 工艺。

1.2.5 LOM 成形件余料去除

1. 剥离零件

使用 LOM 方法完成成形后，余料和零件还混合在一起没有分离，其矩形体如图 1-15 所示。所以需要将零件从余料中剥离出来。操作人员一手持零件，一手拿剥离刀具，细心地找到零件和余料的结合部位，用刀具在余料侧，将余料破坏并剥离，直到最后剩下零件。余料剥离过程需要极其细心和极大的耐心。

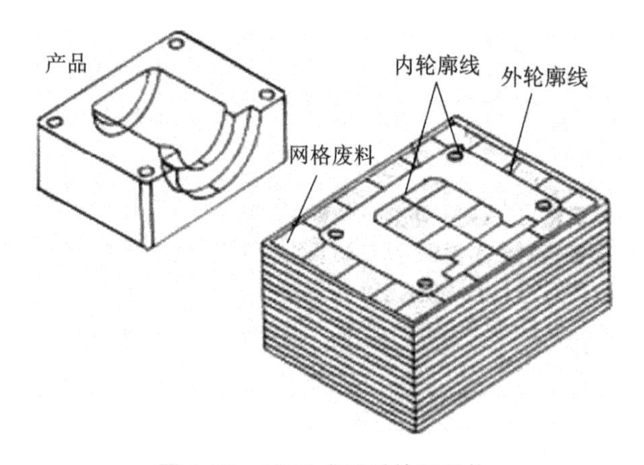

图 1-15 LOM 成形后的矩形体

2. 后置处理

剥离后的零件还需要对表面进行抛光，然后涂防水、防潮材料，避免成形件受到水、潮气的侵蚀而变形、开裂，甚至失去形状。

任务 1.3 3D 打印件直接后处理的化学方法

3D 打印的打印件除了表面需要处理外，对打印件的使用寿命、强度和外观也需要进行处理。通常使用化学方法对 3D 打印件进行这些处理。

1. 物理气相沉积

物理气相沉积(physical vapour deposition,PVD)是依靠物理方法,利用真空蒸发、气相反应在工件表面沉积成膜的过程,是一种环保型的、有别于传统成膜方法的现代表面处理技术。

PVD又分为真空蒸镀、溅射镀和离子镀。其中溅射镀和离子镀可以获得附着性能、致密度优异的沉积膜,而真空蒸镀的密度和附着性能较差。然而溅射镀和离子镀工艺本身对沉积膜纯净性容易产生不良的影响,因此,溅射镀和离子镀方法不适于纯净性要求极高的膜层的制备。而真空蒸镀可以在气压很低的高真空中进行,并得到纯净性极高的蒸镀膜层。

2. 电镀技术

将工件置于含有将被沉积的金属离子的电解液中,通过外加的直流电,使工件表面覆盖上一层薄的金属镀层,从而达到防蚀、装饰、导电、耐磨或导磁、易焊等目的的方法,称为电镀。电镀是一种用电解方法沉积所需镀层的一种电化学过程,也是一种氧化还原过程。

电镀的适用范围很广,一般不受工件大小和批量的限制,镀层厚度一般在0.001～1 mm。

镀层一般分为防护性镀层、功能性镀层和装饰性镀层。防护性镀层用来防止金属零件的腐蚀,如镀镉、锌、锡等;功能性镀层一般都有特殊的物理性能要求,如抗高温镀层和耐磨性镀层;装饰性镀层主要是通过电镀使金属制品表面转化为金属的合金或化合物来改变颜色。

3. 化学热处理

化学热处理是在一定的温度下,在不同的活性介质中,向金属的表面渗入适当的元素,同时向金属内部扩散以获得预期的组织和性能为目的的热处理过程,如渗碳、氮化、碳氮共渗、渗硼、渗硫、渗铬、渗铝等。

4. 加热固化

加热固化是通过加热,使打印件分子间进一步固化,结构进一步稳定,从而增加打印件强度。该方法多用于SLA打印件。

1.3.1 3D打印件的延寿后处理

1. 延寿处理与3D打印

通过一定的处理,使被处理零件的疲劳寿命得到提高的技术方法,都属于延寿处理。延寿处理技术可以分成三大类:一类是以消除应力为主的工艺方法,一类是以表面修形为主的方法,还有一类即是表面涂层等改性技术。3D 打印工艺中,表面改性技术是主要的延寿方法。

2. 3D 打印件延寿后处理的具体方法

3D 打印件的延寿处理主要是对高分子材料、金属材料、陶瓷材料及其复合材料制成的 3D 打印件进行处理。接下来将分别说明 3D 打印件的延寿处理方法。

(1)高分子材料

高分子材料的 3D 打印件的延寿处理通常采用化学处理中的渗树脂、渗蜡等技术,极少使用 PVD 中的真空蒸镀处理。

(2)金属及合金

金属材料及合金材料的 3D 打印件表面要求较多,使用得较多的延寿处理方法是电镀技术,同时 PVD 和化学热处理也可用于金属打印件的延寿处理。

(3)陶瓷

以陶瓷为材料的 3D 打印件,通常使用 PVD 进行延寿处理。

(4)复合材料

复合材料制成的 3D 打印件,按其具体成分,使用的处理工艺有所不同,大部分通过 PVD、电镀进行延寿处理,但也可使用化学热处理方法。

3. 延寿后处理举例

用于塑料打印件的渗树脂后处理工艺如下。

(1)工艺过程

①称量打印件质量(单位:g)。

②取与打印件等质量的 A 料(单位:g),即 A 料质量=零件质量。

③在 A 料中加入一定量的 B 料,用玻璃棒快速地搅拌均匀(必须搅拌均匀,防止打印件固化后表面产生花纹),得到混合溶液 C。

④用刷子反复将混合溶液 C 慢慢地均匀涂抹在打印件的表面,使打印件完全浸透。一般从打印件的一面往另一面涂抹,且优先从打印件较厚的地方开始。

⑤至打印件完全浸透后,将打印件表面多余的混合溶液 C 完全吸干,使打印件表面无多余的混合溶液 C。方法如下:用吸水纸紧贴打印件表面,待纸湿润后换纸继续,其间要不停地换纸,直至打印件表面无多余的混合溶液 C 即可(这样能避免打印件表面不光滑)。

⑥将打印件放在吸水纸上置于室温下 4～6 h,以其表面不沾手为宜,其间多换纸,以防止纸黏结在打印件表面上。

⑦将打印件放入(60±2)℃的烘箱中烘烤,最少 5 h。

⑧将烘烤好后的打印件置于干燥器内避光存放。

(2)工艺要求

①液体材料易黏手,操作时应戴手套,固化剂及稀释剂对人的皮肤和呼吸系

统有刺激作用，操作时应穿防护服，戴口罩。

②操作时室内应保持通风，湿度应小于60%RH。

③一般用人工搅拌，机械搅拌效果不佳。

④建议从零件表面积较大的一面开始渗，直至树脂完全浸透零件，防止零件固化后表面产生花纹。

⑤固化剂加入后，一般于30 min内涂刷完毕效果较好，否则，树脂浓度过高，浸透效果较差。涂刷时间越短越好。

1.3.2　3D打印件的着色后处理

1. 着色后处理的作用

随着人民生活水平的不断提高，人们对物质的要求，不仅考虑数量的问题，而且看重质量、外观及包装。产品的色泽及装饰是给予用户的第一印象，对提高产品竞争力能起到重要的作用。而着色处理可提高制品的外观质量及内在性能。经着色后的制品可成为绚丽多彩、鲜艳夺目的商品，因此着色后处理工艺应用的范围相当广泛。

2. 着色后处理的种类

3D打印件多以高分子材料、金属和陶瓷为材料，目前，已经开发出塑料材料的多彩打印技术，但其色彩种类只有有限的几种，对打印件着色，主要还是通过着色后处理来进行。

着色后处理的种类如表1-1所示。

表1-1　着色后处理的种类

着色后处理的种类	通过涂料着色		通过有色物质着色		通过表面金属膜的干扰着色	
着色后处理的方法	手刷	喷涂	着色剂	电镀法	化学显色法	氧化着色法

着色后处理的方法中，化学特性较稳定的塑料通常使用着色剂着色，而金属着色可用化学显色法和氧化着色法。

3. 着色方法介绍

(1)涂料着色

涂料着色有两种方法，一种是手刷着色，另一种是喷涂着色。

手刷着色是在成形件经过打磨抛光后，用刷子手工上色。这种方法能体现细节，在模型细节颜色都基本处理到位之后，等待颜料经风干基本干透之后，再用光油进行最后的处理。喷上光油的零件更加透亮美观，也更好保存。

喷涂着色常用的工具有喷笔与喷罐，其原理一样，都是将涂料喷成气雾状，沉积在零件表面，并使表面涂层光洁无上色痕迹。而手刷着色要做到无痕迹则是很难的。喷笔涂装与喷罐涂装两者在喷涂面积、涂料浓度、油漆的选用上有着一定的区别，要根据设备的使用要求进行选择和操作。

(2)着色剂着色

能改变物体的颜色,或者能将本来无色的物体染上颜色的物质,统称为着色剂。着色剂可分为染料和颜料两大类,其中,颜料又分为无机颜料和有机颜料。

可用于塑料打印件的着色剂品种很多,对于每一种不同树脂而言,适于其着色的着色剂品种各有不同。对于一个特定的塑料制品,选择合适的着色剂主要从以下几个方面考虑。

①耐热性。耐热性的顺序是,无机颜料强于有机颜料。

②耐光性。对于户外使用的制品,着色剂的耐光性要求一般要达到 8 级。

③合理选用着色剂拼色。注意防止不同着色剂相互作用,不同品种着色剂的数量应尽量少。

④塑料本身的影响。注意塑料本身颜色对着色的影响,防止着色剂与塑料反应。

(3)电镀着色

电镀着色通常用于为以银、不锈钢、铜等金属材料制成的 3D 打印件进行着色。下面简单介绍部分金属电镀后获得的化合物及该化合物的颜色。

银电镀形成的化合物中,碳酸银、氯化银是白色;溴化银是淡黄色;碘化银、磷酸银是黄色;铁氰化银是橙色;重铬酸银是红褐色;砷酸银是红色;氧化银是棕色;硫化银是灰黑色。

铜电镀形成的化合物中,硫化物是黑色,碳酸铜是蓝绿色,氧化亚铜是红色,氧化铜是黑色,氢氧化铜是蓝色,氯化铜是棕色等。

(4)化学显色法

化学显色法是利用溶液与金属表面产生的化学反应生成氧化物、硫化物来改变表面颜色。如铜使用氢氧化钠变黑,使用硫化钾变古铜色;铝使用硫酸变成金绿色或浅黄色等。

(5)氧化着色法

使用一定的方法,让金属的表面形成具有适当结构和色彩的氧化膜后,对氧化膜进行染色处理,形成多彩的膜层,称为氧化着色法。一般通过热处理或电解处理形成氧化膜。

1.3.3 3D 打印件的蒸发后处理

1. 蒸气平滑

Stratasys 公司下属的 RedEye 是世界上最大的 3D 打印服务供应商之一,它拥有多种技术手段对基于熔融沉积成形(FDM)打印的零部件进行后处理服务,其中蒸气平滑就是该公司提供的后处理技术。

将 3D 打印件放入一个可密封蒸气室内(蒸气室内部含有加热可挥发的溶剂作为填补蒸气),加热处理一段时间后,再将 3D 打印件从蒸气室内取出进行烘干处理，即完成了蒸气平滑处理。

该技术的主体部分是让蒸气在ABS材料的零件表面凝结并溶化其表面（2 μm左右），消除台阶效应，使零件表面更平坦。

现在的蒸气平滑技术已完善到可以简单使用，常用于3D打印制造的ABS零件，能对零件的台阶效应表面进行有效的改善。在一般情况下，蒸气平滑不影响制件的尺寸，但该部分的审美价值会由于表面粗糙度的改善而得到提高。

2. 丙酮蒸气熏蒸

（1）丙酮蒸气熏蒸的过程

丙酮蒸气熏蒸是利用丙酮对ABS材料的溶解性，通过加热使丙酮蒸发，蒸发的丙酮蒸气凝结到零件表面上，对表面材料进行溶解，流淌后使表面变得平滑。对ABS制品熏蒸一定时间，可使ABS制品表面粗糙度得到改善。

（2）丙酮蒸气熏蒸的使用要求

丙酮的沸点大约为56℃，只要简单加热即可沸腾产生蒸气，但不可过度加热，过高的温度会使丙酮浓度过高，当它在空气中的浓度超过11%时，就有爆炸的危险。同时，过度吸入丙酮对人体有害，故在熏蒸过程中，要求环境通风情况良好，避免爆炸和对人体产生危害。若有防毒措施，操作人员可做好防毒准备。

（3）丙酮蒸气在3D打印中的应用

由于丙酮的特性，丙酮蒸气只对ABS材料的3D打印件有效，且熏蒸时对零件精度控制较差，但此方法成本低廉，处理简单，因此在3D打印ABS材料制品的后处理中，通常会使用丙酮蒸气熏蒸。

1.3.4 SLA成形件的固化处理

对于SLA制出的打印件，后处理主要包括静置固化和强制固化，即将打印的零件静置一段时间，使得没有完全固化的黏结剂之间通过交联反应、分子间作用力等作用固化完全。可根据不同类别用外加措施进一步强化作用力，例如通过加热、紫外光照射、真空干燥等方式。

1. 静置固化

把SLA成形好的零件取出，放置在工作台上，让其内部的分子进一步发生固化反应。这种方法一般需要比较长的时间，但不需要任何设备。

2. 强制固化

强制固化就是在外界条件的作用下，加速分子间的固化反应，使其在比较短的时间内就完成固化。加热固化是把成形件放入加热箱中，加热到预定的温度，保温一定时间，取出即可。紫外固化是在紫外光箱中进行的，箱中有紫外光发生器，放入成形件，接通紫外光发生器，让紫外光照射零件。这种方法比较常用，固化速度快，质量好。真空干燥是将成形件放入有一定真空度的真空箱中，放置一定时间后取出即可。

项目2 3D打印件的间接后处理

3D打印件的直接后处理是指直接对3D打印件进行处理的工序，而3D打印件的间接后处理是指利用对3D打印成形件进行处理，方便地制造出具有一定使用功能的零件的工序。

项目目标

(1)了解3D打印件的局限性；

(2)掌握硅胶模塑料件和消失模模型的生产过程。

知识目标

(1)了解硅胶模的特性和应用范围；

(2)了解消失模的原理、特点和基本工艺流程。

能力目标

(1)掌握3D打印件在硅胶模和消失模生产中的应用；

(2)了解3D打印件间接后处理的原则。

任务2.1 3D打印件的性能局限性与后处理的要求

任务描述

3D打印件虽然优点突出，但并不完美，直接后处理也不能解决3D打印件性能比较差，不能直接使用的问题，所以需要对3D打印件的局限性有一定认知，并了解间接后处理常用的方法。

知识准备

1.3D打印件的间接后处理的含义

利用对3D打印件进行处理，方便地制造出具有一定使用功能的零件的工序，称为间接后处理。

2. 对3D打印件进行间接后处理的目的

目前，3D打印件尚存在较大的局限性。由于技术、材料等种种原因，多数3D打印件无法达到可直接使用的性能，因而需要使用间接的处理方法，以期获得可以直接使用的零件，最大限度地发挥3D打印技术的优势。

2.1.1 3D打印件的局限性

1. 打印材料有限

目前3D打印技术能够使用的成形材料种类有限，如SLA只能使用光敏树脂材料，SLS只能使用蜡、高分子、金属粉末材料，SLM使用的是金属粉末材料，FDM则只能使用蜡、ABS及热塑性塑料，LOM使用的是纸质材料。材料种类和性能的局限性，使得选择受到很大的限制；这些材料成形零件的力学性能与实际使用要求还有很大差距。

3D打印成形零件时，一般多使用单一材料，对于需要梯度功能的结构零件，显然难以完成。

2. 成形设备限制

目前，3D打印件的精度不高，打印效率与成本无法满足大规模生产的要求，在成形原理、方法有明显突破以前，不可能有大规模的应用。

3. 材料成本高

目前，3D打印使用的材料除了ABS材料、蜡和塑料价格较为便宜外，其他3D打印材料都价格偏高。成形件成本问题导致3D打印方法无法普及使用，为3D打印方法进一步推广、应用带来困难。

4. 劳动成本增加

3D打印需要专门的人才进行设备操作，且后处理工序多，需要大量的人力，如打磨效率低，需耗费大量人力，这都导致了劳动力成本增加。

5. 打印件边角料的损耗

3D打印零件成形时，其结构需要支撑部分，在整个工序中，还有大量的材料浪费，导致材料的损耗量较大。

6. 技术的限制

3D打印技术确实是一种让人心潮澎湃的未来技术，但是目前的发展并不完善，集中表现在成形件精细度不高，在工艺上还有很大的进步空间。

2.1.2 3D 打印件间接后处理的原则

1. 克服缺点

3D 打印件优势明显，缺点也明显，即成本高，关键是成形件的性能还不能满足日常和工程使用要求。让成形件能够得到一定的应用是间接处理的目的。

2. 保持优势

3D 打印已经成为一种潮流，并开始广泛应用于多个领域，如设计领域，尤其是工业设计、数码产品开模等。总结起来，3D 打印的优势主要体现在以下方面。

(1)设计空间，突破局限

传统制造技术的产品形状受限，制造形状的能力受制于所使用的工具。例如，传统的车床只能制造圆形物品，铣床只能加工用铣刀铣削的部件。而 3D 打印机可以突破这些局限，使制造与零件的复杂程度无关，这为设计开辟了巨大的空间，设计只需考虑要表现的结构和功能，而不用考虑制作的可能性。

(2)复杂物品，不加成本

传统制造方法，物体形状越复杂，制造成本越高。对 3D 打印机而言，制造形状复杂的零件，其成本并不会增加；成形一个形状复杂的物品，并不比打印一个简单的方块消耗更多的时间、技能或成本。

(3)即拆即用，无须组装

3D 打印设备通过分层制造可以同时打印一扇门及上面的配套铰链，不需要组装。省略组装就缩短了供应链，从而可节省在劳动力和运输方面的花费。

(4)不占空间，便携制造

3D 打印设备调试好后，设备可以自由移动，并且可以制造比自身还要大的物品。3D 打印设备所占的物理空间小，适合家用或办公使用。

(5)混合材料，无限组合

对当今的制造机器而言，将不同原材料结合成单一产品是件难事，但随着多材料 3D 打印技术的发展，能将不同原材料融合在一起。以前无法混合的原料混合后将形成新的梯度材料，这些材料种类繁多，具有独特的属性或功能。

(6)实体物品，精确复制

扫描技术和 3D 打印技术将共同提高实体世界和数字世界之间形态转换效率，借助它们，可以扫描、编辑和复制实体对象，创建精确的副本或优化原件。

(7)零时间交付，减少库存

3D 打印可以按需生产。即时生产减少了企业的实物库存，企业可以根据客户订单，使用 3D 打印机制造出特别的或定制的产品以满足客户需求。

(8)产品多样，不增加成本

3D 打印机可以按照不同的数字和模型打印出任意形状，省去了培训多种技能工人的成本，如机械师、钳工、装配工，也省去了购置多种设备的成本。

(9)直接操作，零技能制造

3D打印设备从设计文件中得到各种指令，做同样复杂的零件，所需的操作技能比其他加工方式少。非高技能制造开辟了新的商业模式，并能在远程环境或极端情况下为人们提供新的生产方式。

(10)降低浪费，减少副产品

与传统的金属制造技术相比，3D打印机制造金属零件时产生的浪费较少。传统金属加工的浪费量惊人，大量的金属原材料被废弃在工厂制造过程中。而采用3D打印方式制造金属零件的材料浪费量会明显减少。随着打印材料的进步升级，3D打印这种“净成形”制造可能成为更环保的加工方式。

任务2.2 3D打印件间接后处理举例

任务描述

3D打印件的缺点是性能比较差，不能直接在工程中使用，本任务就是针对该缺点介绍间接后处理常用的方法。这里将对3D打印件间接后处理进行举例介绍。

知识准备

1. 硅胶模

(1)硅胶模的特点

用硅胶材料制作的模具称作硅胶模，其特点如下。

①硅胶模的收缩率低，浇注成形后的硅胶模固化前后尺寸变化小。

②硅胶模能耐较高温度、耐腐蚀性较好，可用于小批量塑料件的制作，还可用作金属熔模铸造模具、石膏件的快速成形模具等。

③由于硅胶模具有一定的弹性，对于结构复杂的零件，也可较容易脱模；硅胶模的抗撕拉性强、仿真精细度高，可做各种工艺品的模具。

(2)硅胶模的应用范围

硅胶模技术广泛应用于汽车零部件、机械零部件、家用电器、电子产品、生活用品、文化用品、玩具、医疗等领域。

2. 消失模

将涂了防火涂层的泡沫塑料模型放入砂箱，用干砂造型后，不去除模型，直接用高温金属液向泡沫塑料模型浇注;泡沫塑料因受金属液体的高温燃烧而分解,成为气体排出,金属液占据整个泡沫塑料模型的空间,冷却后形成铸件,这种工艺中的模型称为消失模。

(1)消失模的基本工艺流程

①泡沫塑料模型的制作;

②在泡沫塑料模型表面浸涂料并烘干;

③在砂箱中造型;

④浇注金属液;

⑤清理铸件。

(2)消失模的工艺特点

①铸件精度高。因该工艺无须取模,没有分型面,没有砂芯,所以不会产生普通砂型铸造中的毛刺;没有拔模斜度,因而提高了铸件的尺寸精度。

②工序简化,缩短了生产周期,提高了生产效率。消失模铸造在造型时省去了拔模、修型和合箱等工序,不需要制造砂芯,干砂的流动即可充填模型内腔及空洞,减少了制造砂芯的时间及成本;又由于该工艺铸造精度高,因而减少了机械加工时间和费用。

③零件设计灵活。消失模铸造方法没有分型和必须取模的铸造工艺,减少了铸造工艺性要求,使铸件设计受到的限制减少。

(3)消失模模型的重要性及主要制造工艺

消失模铸造中,消失模模型是铸造成败的关键,没有高质量的模型就得不到高质量的消失模铸件。消失模铸造的模型是生产过程中必不可少的消耗材料,模型消耗和铸件成产的数量成1∶1的关系,模型的生产效率关系到铸件的生产效率。

消失模模型的制造方法主要分两种,一种是适用于制造数量大或成批量生产的中、小型模型的发泡成形法,这种方法需要一个模具来专门生产消失模模型;另一种适用于制造单件或小批量铸件,消失模模型一般用聚苯乙烯泡沫塑料块,通过机械加工的方法加工出模型,然后铸造。3D 打印技术则应用于发泡成形法的模型制造中。

2.2.1 用硅胶模生产塑料件

1. 用硅胶模生产塑料件的过程

用硅胶模生产塑料件的过程为:零件的三维设计→零件的 3D 打印→制作硅

胶模→真空注塑，按此过程即可得到塑料件，下面详细介绍。

1)零件的制作

(1)零件的三维设计

使用CAD、ProE等三维设计软件进行零件设计和建立三维模型，并将模型文件存储成STL文件格式，以便3D打印设备进行读取。

由于3D打印技术的突出优势是其成形过程不受零件复杂性的限制，而硅胶模对复杂结构的零件也能轻松脱模，因此不用考虑原型件过于复杂难以制造或难以生产塑料件的问题，但是需要对硅胶模的拔模斜度、分型面、模具浇口位置加以考虑，同时要考虑对塑料材料的收缩率及后续工艺处理产生的误差进行补偿，以保证成品的精度要求。

(2)零件的3D打印

对三维模型进行分层切片处理，利用3D打印技术(通常使用FDM技术，价格便宜)即可成形出一个三维实体原型。原型制作好后，还需经过后处理(包括后固化、打磨、抛光等)，才能用于制作模具。

2)硅胶模具的制造

利用3D打印原型件制造硅胶模具的工艺流程如下：

3D打印原型→表面处理→贴黏土或橡皮泥→配石膏浆→石膏造型→去黏土→浇注硅胶→分型、修型

(1)安放原型

将原型部件在平板上合理放置、固定，并将模框套放在原型上，使原型位于模框的距离中心。在平板和模框的内壁上涂上脱模剂。

(2)贴黏土、浇石膏背衬

对已在平板上合理放置的原型部件贴黏土。为了减少硅胶材料的使用，提高所制作的硅胶模具的刚度，配置石膏浆，进行石膏背衬浇注，待石膏固化后，再除去部件上的黏土层。

(3)硅胶造型

根据除去黏土的体积，分析所需硅胶的量，注意加上损耗系数，进行硅胶的调配；调配后需在真空装置中对硅胶进行气泡抽取处理，然后将处理后的硅胶从浇口对原型部件进行浇注。

(4)硅胶固化

将浇注好的硅胶模具在室温25 ℃左右放置4～8 h，待硅胶不黏手后，取出原型，再把硅胶模具放入烘箱内在100 ℃温度下固化8 h，或在150～180 ℃温度下保持2 h，使硅胶充分固化。

(5)分型、修型

将浇注、固化好的硅胶模整体取出，沿着最大截面处，用刀把硅胶模刨开，取

出原型件。如果发现模具有少量缺陷，可以用新调配的硅胶修补，并经固化处理即可。

3）真空注型

硅胶模具制作完成之后，就可以采用双组分聚氨酯在真空状态下注型，对原型样件进行复制，其过程如下。

①对硅胶模进行预处理。对硅胶模的模具开孔作为流道，对于较大的模具可开 2～3 个流道，并在一些树脂不易充满的死角处，用气针开出气孔，然后将硅胶模上下模合模，并用胶带固定。

②将硅胶模放在真空注型机内的操作平台上（可多个同时进行），装上浇口。然后将装有按比例称量的聚氨酯 A、B 料的两个容器放在真空注型机上方（硅胶模置于下方），关闭真空注型机阀门。通过抽真空方式排除原料中的气体和模具型腔中的空气，保持 10 min。

③将 A、B 两容器中的原料混合、搅拌，同时进行抽真空，排除 A、B 料反应后生成的气体，并沿浇口注入硅胶模，随后立即开启真空注型机阀门，借助大气压力使反应生成的塑料充满硅胶模。

④将浇注后的硅胶模放入 70 ℃的烘箱中，保持 1～2 h。加热固化后，拆去胶带，打开硅胶模，得到真空注型零件，即塑料件。

⑤重复以上步骤，就可得到所需数量的塑料件。

2. 3D 打印应用于硅胶模的优势

利用 3D 打印技术打印出产品的原型，制作出硅胶模具，然后生产出塑料零件，这种方法的工艺过程简单，但硅胶模的寿命有限。这种方法在新产品试制或者单件、小批量生产时使用，具有以下优点。

①利用 3D 打印件作为样件，从产品构思好到硅胶模和塑料件制作只需比较短的时间。这大大缩短了产品试制周期，同时修改模具也很方便，有助于减小产品研发的成本压力，极大缩短研发时间。

②利用硅胶制造模具，可以更好地发挥 3D 打印技术的优势。由于 3D 打印件的力学性能差，直接利用它作为快速模具受到了限制，而利用 3D 打印件制造出硅胶模具能够克服这些缺点。利用 3D 打印可以制造各种复杂零件的模具。

③工艺所需设备简单，只需烘箱、真空注型机和计量工具；操作过程方便，制作成本低。

2. 2. 2　生产消失模模型

1. 3D 打印生产消失模模型的过程

3D 打印生产消失模模型的基本工艺过程如下：

三维零件图 → 3D打印成形 → 模具表面处理 → 模具 ↓ 珠粒选择 → 预发泡 → 熟化 → 成形 ↓ 检验 ← 模型合并 ← 干燥 ← 出模 ← 冷却

1)发泡模具的设计

(1)塑料模型的三维模型设计

首先进行模型的分析,确定注射料口位置、机械加工余量、收缩量等工艺参数,并对成形工艺性进行审定。根据结果,通过CAD等三维设计软件,对零件图进行修正并转化为三维模型。

(2)发泡模具的设计

根据塑料模型的三维模型,设计模具的型腔本体结构和尺寸,与成形机及水、蒸汽、真空、压缩空气管道的连接,以及抽芯和镶块结构,最终形成发泡模具的三维模型。

2)模具材料的选择

为了适应蒸汽加热和喷水冷却周期作用的工作环境,发泡模具一般选用耐热且有较高强度的材料成形,并且根据模具不同部位的要求,选用不同的材料。

3)发泡模具的制造

采用3D打印技术,任何形状的结构都可以没有附加困难地成形出来。消失模模具通常采用随形薄壁结构,冷却部分可以真正做到均匀冷却。

(1)模具原型的制造

模具原型可选用SLS或SLA等多种方法制造。SLS或SLA采用高分子材料打印,且精度较高,根据发泡模具的三维模型大小,可在几小时或十几小时内快速制作出模具原型。

(2)模具的表面处理和制作

对模具原型进行一系列后处理,包括后固化、打磨、抛光;在模具合适的部分开设注射料口;在模具表面涂一层隔温、防水材料,如环氧树脂,模具即完成。

4)发泡珠粒的选择

目前应用于发泡模具的材料主要是可发泡聚苯乙烯(EPS)、可发泡聚甲基丙烯酸甲酯(EPMMA)和共聚料(STMMA)。三者碳含量EPS最高,EPMMA最低;价格则是EPMMA最高,EPS最低。

由于EPS的价格较低、成形方便,且资源丰富,因此EPS是目前应用最广的一种模型材料。但EPS在热解之后会产生较多的炭渣,对低碳钢和球墨铸铁件有严重影响。故对增碳量没有特殊要求的铸件,可采用EPS珠粒;对表面增碳要求较高的低碳钢铸件则通常使用 STMMA;对表面增碳要求特高的少数合金钢件选用 EPMMA。由于夹杂炭渣会产生微裂纹,因此对性能要求较高的球墨铸铁和要求表面光洁的薄壁铸件,需要采用 STMMA。

5)预发泡

(1)珠粒的预发泡

使用预发泡机将发泡珠粒加热,使珠粒软化、膨胀发泡达到所需密度。需注意预发泡的时间和温度,时间过长和温度过高都会使珠粒预发过度,导致表面出现破孔。破孔会使珠粒收缩塌陷,密度反而增大。

(2)预发珠粒的熟化处理

预发泡过后的珠粒需在一定温度下储存一段时间,这个过程称为熟化处理。温度一般为 200~250 ℃,时间则取决于预发珠粒的密度和湿度,密度越低,湿度越大,所需时间越长。熟化处理可以使预发珠粒内的残余发泡剂重新均匀扩散,消除珠粒内部真空,防止发泡成形时珠粒压扁,导致模型质量下降。

6)发泡成形

(1)模具预热

将制造好的模具进行预热至 100 ℃,保持模具的温度和干燥,防止模具残留水分对发泡产生影响。

(2)填料

使用注射料枪将珠粒从模具的注射料口射入,使泡沫珠粒在模具中填充均匀、紧实。

(3)通蒸汽

在预发珠粒填满模具型腔后,通入一定压力的蒸汽,进行二次发泡,发泡时间取决于模型和蒸汽压力。

(4)冷却

使用喷水冷却的方法使模具冷却至 40~50℃,防止泡沫模型出模后继续膨胀。

(5)起模

根据模型结构特点,发泡成形机采取不同的起模方式,如机械顶杆取模法、真空吸盘取模法等。

7)模型的后处理

对模型进行熟化处理。对于结构复杂的模具,可分不同的零件处理,然后将熟化处理后的几个零件黏结在一起,最后给发泡模型涂涂料,干燥后,消失模模型制造完成。

2. 3D打印应用于消失模模型的优势

(1)生产效率

消失模模型的生产效率关系到制品的生产效率，而利用3D打印技术制造其模型模具的工艺过程，相比传统工艺，从设计速度到制造速度都有很大的提升。

(2)模型质量

3D打印生产的模具原件可以完美地按要求制造出随形薄壳，使珠粒在发泡时能均匀受热，提高模型质量。

(3)制造成本

由于3D打印可制成真正的薄壳原件，因此可以节省制造消失模模具的材料，降低制造成本。

第2篇

3D打印技术的应用

作为一种影响未来的前沿技术，尽管还有很大的完善和提升空间，但3D打印技术以其特有的性质，在很多领域得到了实际的应用，而且这些应用也日新月异，发展很快。以下是它的主要应用领域。

1. 原型制作

3D打印从诞生就一直用于原型制作，虽然现在3D打印已经在很多领域有其他方面的应用，但原型制造依旧是最大、最直接的应用领域。由于3D打印具有速度更快，成本更低，可以实现复杂结构的快速成形等优势，未来原型制造肯定还将是3D打印的应用领域之一。

2. 成形材料

材料对于3D打印的发展有着非常大的影响，甚至一些瓶颈需要依靠材料来突破。在投入大量研究的人力、财力和物力后，可以应用于3D打印的材料是越来越多了，未来肯定会出现更多可以用于3D打印的材料。

3. 医疗保健和生物组织

3D打印技术在制造或辅助制作中的应用已经比较普遍，如3D打印牙齿、义肢等。由于一些相关医疗政策的限制，一些3D打印的成果尚未大量应用，但研究工作一直在进行，如3D打印的人工血管，用于体内的3D打印心脏起搏器等。另外，3D打印还可用于手术模拟、药物验证等。有分析认为，未来3D打印技术的重要应用是在医疗和生物领域。

4. 珠宝首饰的设计、制作

珠宝首饰生产商目前已经开始引入3D打印技术。在引入3D打印技术之前，一款首饰设计完后，需要靠工匠做出原型，而后再去翻模。工匠手艺的好坏对这款首饰有着非常重要的影响。现在3D打印技术可以代替工匠做出各种原型，通过快速评审、修改，就可以进入制造环节。另外，3D打印技术还可以为用户提供定制化的珠宝首饰，直接打印替代产品，甚至间接制作产品。

5. 3D打印人像、艺术品

人像、艺术品等，以前一直是由艺术家直接手工创作，现在借助于3D打印技术，可以通过扫描人体，然后直接打印出人像；或艺术家设计出三维艺术模型，用3D打印技术制作出来。通过后续工序，可以制作出各种艺术品，如雕塑等。利用3D打印技术还可以复刻一些名画、雕塑作品等。

6. 航空航天的功能件

航空航天是3D打印技术应用领域的一大增长动力。首先，火箭、卫星、飞行器等设备里的一些精密、复杂零件，大部分是单件或小批量制造，用3D打印技术制作可以满足这些零部件的结构和性能要求，其成本也可以接受。其次，火箭可以携带3D打印机器人和原材料，进入太空后根据需要再制造一些零件，从而降低发射成本。

7. 多彩制造

目前，大部分的3D打印机都是采用单色彩材料成形，而多色彩打印技术的研究已经进入实用阶段。有不少3D打印企业推出了彩色3D打印机，当然还需要进一步完善。未来彩色3D打印肯定有很大的发展空间。

8. 时尚产品和建筑结构

时尚产品，如服饰，可以用3D打印技术制作，不仅有不一般的效果，而且可以现场打印出来；利用3D打印技术制造三层别墅等建筑结构，并可在现场打印结构需要的部分，充分体现出3D打印的优势。从目前看，这虽然只是一个小众领域，但是未来影响力大。

9. 直接或辅助制造功能件

在可接受的条件下，直接制造功能件是3D打印一直以来追求的终极目标，也是3D打印技术未来的另一种大趋势。目前，3D打印已经可以直接制作出金属功能件，并在一些特殊行业，如航天、航空、医疗等领域应用；未来，希望可以在更多的工业领域应用3D打印的产品。现在比较多的仍然是利用3D打印件辅助制造金属功能件。

10. 科学研究

目前很多科学研究领域都已经在使用3D打印技术，制作一些非常特别的设备用于研究。

项目3　3D打印技术应用于小批量产品的制造

3D打印是一种全新的成形方式，其优势明显，但缺点也突出。目前，3D打印零件的性能还满足不了工程直接使用的要求，但可以用3D打印件作为手段或工具，制造出小批量的工程零件，本项目将介绍这方面成功应用的实例。

项目目标

(1)了解3D打印技术应用于小批量生产的优势；

(2)了解3D打印技术在零件、模具上的应用。

知识目标

(1)了解各模具的概念；

(2)了解熔模制造工艺。

能力目标

(1)掌握3D打印工艺的零件制造过程；

(2)学会利用3D打印技术进行熔模制造；

(3)掌握3D打印工艺的模具制造过程。

任务3.1 3D打印技术应用于小批量产品制造的优势

据统计分析，使用传统的制造工艺方法，生产批量小于50件产品的成本，比大批量生产相同产品的成本高5～30倍，生产效率也比较低下。如何改善小批量产品制造方法？3D打印技术能让这些问题得到有效解决。本任务将介绍如何使用3D打印技术，或经过简单的后续工艺方法，生产出小批量的功能零件。

3.1.1 快速性

1. 制造前的快速性

客户可以通过三维制图软件将产品的三维数据模型转化为STL文件，通过网络直接发送给小批量产品制造企业，企业收到文件和要求后，准备打印材料，检查3D打印设备后，即可利用3D打印设备读取STL文件，方便地打印出产品原型。

在此过程中，相比传统制造工艺，3D打印只需转换模型数据的格式，即可直接利用模型文件进行打印，无须思考具体的制造过程，如准备相应工具、设备、辅具等，数据转换和制造准备的时间大幅减少。

2. 制造产品原型的快速性

在制造产品原型时，传统制造工艺只能通过传统的加工方法，将其制作成型。随着产品结构复杂度的增加，制造产品原型需要花费的时间也同比例的增长，一般要数天到数周的时间来完成。而3D打印技术由于分层制造与产品结构复杂度无关的优势，不需要准备任何辅助工具，根据产品体积的大小，通常只需几小时或几十小时即可完成产品原型的制造，大大缩短了产品原型的制造时间。

3. 产品方案的快速改进

产品原型制造完成后，有时会发现设计时没有发现的问题，此时要对产品方案进行快速改良并重新组织生产。传统制造方法的改动会比较大，除修改设计形状外，原先增加的工夹辅具可能也要重新制造或修改；而3D打印技术可以直接对产品的三维模型进行修改，迅速地完成改良后的产品设计，并重新开始制造。相比而言，3D 打印技术使方案改进时间和原型制造时间都得以缩短，使整体速度得到提高。

4. 制造模具、产品的快速性

制模速度在项目 2 中也有提到，模具一般为单件生产或很少量的生产，3D 打印技术作为核心的快速制模技术，其性能和精度可基本达到要求，可实现原型的快速制造，缩短制造模具的时间。有分析认为，3D 打印制模工艺的整体速度比传统制模工艺快三分之一。

若条件允许，产品数量只有数件，3D 打印设备甚至可以直接打印产品。只需对打印产品进行一些后处理工序，即可投入使用，耗时也完全可以接受。这是传统制造工艺无法做到的。

3.1.2　经济性高

传统制造工艺方法需要增加一定的工装夹辅模具，其成本要均摊在制造的每件产品中，所以每件产品的成本是与产品生产数量有关的，生产数量越多，单件产品成本越低；反之，生产数量越少，相同的单件产品成本越高。传统制造工艺方法必须有工装夹辅模具才能完成制造的要求。这些辅助制造工具需要投入巨大成本。

3D 打印技术在进行原型制造时，无材料浪费或浪费很少，降低了材料成本；制造过程中，不需要传统制造方法所用的工装夹辅模具，既节约了制造工装夹辅模具的成本，也节约了制造工装夹辅模具的时间，降低了成本。从前文硅胶模、消失模制造的例子可看出，以 3D 打印技术为核心的快速制模，其制模成本也低于传统制模工艺。

3.1.3　自由性好

1. 产品设计的自由性好

根据增材制造本身的性质，它制造零件的复杂程度与产品的结构没有关系；相比传统制造工艺，3D 打印更适合制造结构非常复杂的零件，如中空、镂空、自由扭曲、不规则生长等非规则几何造型，这些都是传统制造工艺难以做到，甚至无法做到的。3D 打印制造过程不需要工装夹辅模具，减小了制造限制，毫无疑问产品的设计也得到了更大的解放，可以设计更多不同的造型来表达效果，设计更复杂的结构来满足功能要求。在产品设计方面，设计师得到了充分的自由，不需要考虑产品的制造限制，可为产品增添巨大的优势。

2. 产品改进的快捷和自由

基于 3D 打印技术，产品原型制造更加快速，在三维数据模型上修改设计也更加简便。这使得产品有足够的时间进行多次改良，并验证改良方案的准确性。所以3D打印技术让产品在改良方面有着足够的自由性。

任务3.2　3D打印技术应用于零件制造

任务描述

在某些条件下，3D打印技术用于直接制造零件，特别是具有复杂结构的产品、小批量产品方面，有着很大的优势。本任务将介绍3D打印技术在零件制造中的应用。

任务实施

3.2.1　直接打印零件

2016年8月，某公司自主研发的风力发电机在全国多地试运行成功并将投产。据该公司介绍，其风力发电机有两个重要改变，其中之一是利用3D打印技术直接打印而成的空间曲面形状的叶片，叶片材料是自主研发的碳纤维，质量不到传统玻璃钢的一半，强度却是玻璃钢的3～5倍。使用3D打印技术，200 m长的叶片可一次成形，并具有折叠功能，运输时可以缩小体积，降低费用。

这是最近利用3D打印技术直接制造零件的一个成功例子。目前不少企业已经在通过3D打印技术直接打印零件，通过SLA、SLS和FDM等比较成熟且成本低的工艺，零件的直接打印已经应用于医疗、航天航空、汽车、电子等行业。

1. 3D打印技术在零件制造中的应用类型

(1)特殊材料零件

对于特殊材料的零件，如梯度功能材料、机敏材料、多孔材料及它们的多种规格、型号、成分的材料，都可能实现无模具、无机械加工的制造。这种方法对于难制造、难加工的复杂形状的陶瓷结构部件、功能陶瓷元件、复合材料，多孔材料、孔梯度以及生物材料等的生产具有很大的吸引力。

(2)复杂结构零件

对于有着镂空、空间扭曲、非规则几何形状等复杂结构的零件，用传统制造工艺制造十分困难，而利用3D打印技术可以直接制造出来；对螺旋阶梯这种更加复杂的结构，更是只有利用3D打印技术才能方便制造。

(3)小批量零件制造

在单件或小批量零件生产中,3D 打印技术所花的时间和成本与传统工艺相比较,是可以接受的。由于 3D 打印技术的优势很大,并且技术发展进步很快,因此 3D 打印在小批量零件制造方面的应用是很有前景的。

(4)复合类型零件

同时具有上述三种类型中两种或全部特点的零件,利用 3D 打印技术可以一次完成零件的制造。

2. 3D 打印工艺的应用实例

(1)SLA 的应用

SLA 工艺打印件有着表面质量好、尺寸精度高等特点,应用较广泛。图 2-1 所示为 SLA 方法成形的一个产品盖子。这个零件可以直接用在产品上。SLA 工艺主要应用于航天航空、汽车、电子、医疗等行业,通常用于概念设计、小批量精密铸造以及产品模型、模具的制作。

图 2-1　SLA 方法成形的一个产品盖子

(2)SLS 的应用

经过近三十年的发展,SLS 作为成形材料最多的技术已经在汽车、造船、航天航空等领域得到了诸多应用。总的来说,SLS 工艺的应用如下。

①快速原型制造:可快速制造设计零件的原型,及时进行评价、修正以提高产品的设计质量;使客户获得直观的零件模型;制造教学、实验用的复杂模型。

②快速模具和工具制造:将 SLS 工艺制造的零件直接作为模具使用,如砂型铸造用模、金属冷喷模、低熔点合金模等;也可将成形件经过后处理后作为功能性零部件使用。

③单件或小批量生产：对于那些不能批量生产或形状很复杂的零件，利用SLS技术来制造，可降低成本和节约生产时间，这对航空航天及国防工业具有重大意义。

图2-2所示的是用SLS方法直接烧结金属粉末成形的金属功能件。

图2-2 用SLS方法直接烧结成形的金属功能件

(3)FDM的应用

FDM工艺是快速成形领域很有特色的工艺方法，与SLA和SLS工艺可并称为三大主流快速成形技术。

FDM方法较传统制作方法有其独特的优势。首先，可制造较为精细的零部件；其次，量产的成形件可在一定程度上降低生产成本。由于价格越来越低、打印成本越来越低、操作越来越简单，基于FDM成形技术的3D打印机越来越被消费者所接受。FDM技术应用领域较多，医疗、建筑、运输、航天、考古、教育以及工业制造等都有涉及。

图2-3所示的是FDM方法成形的插线板，该板可以直接使用或用来进行评价等。

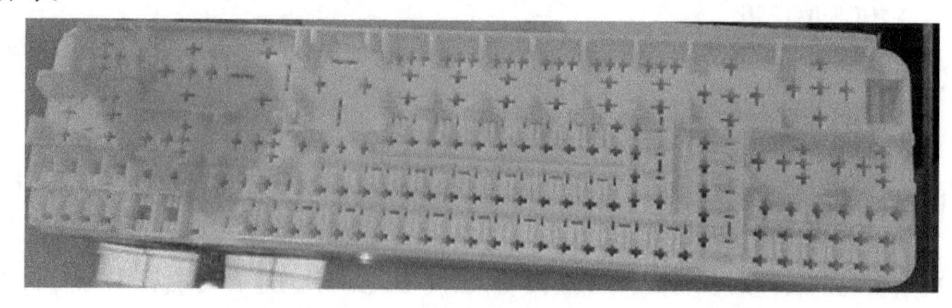

图2-3 FDM方法成形的插线板

3.2.2　间接制造零件

1. 新产品开发

根据3D打印技术的特点，用3D打印技术进行零件原型的打印，可节约成本和节省时间，快速验证零件设计的正确性，并利用零件原型做功能性和装配性检验，以在有限的时间内快速地开发出新零件，投入生产。图2-4所示的是利用SLS方法成形的差速器零件组装成的总成，用于设计验证。

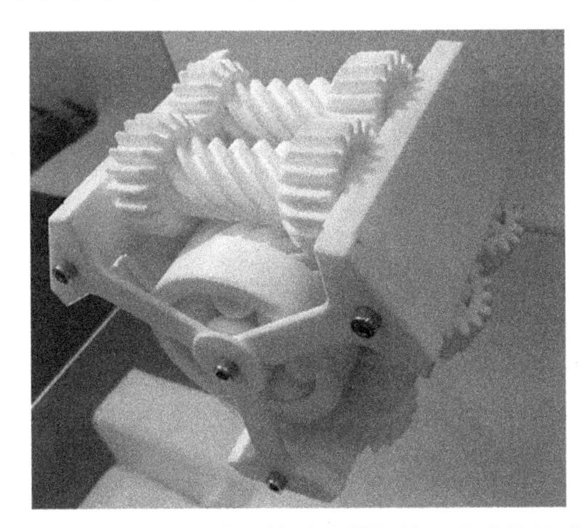

图2-4　SLS方法成形的差速器零件组装成的总成

2. 模具制造

大批量生产依然是传统工艺占有优势，3D打印适合小批量生产，如模具这样的单件或很小批量产品的生产。

图2-5所示的是利用SLS技术直接烧结金属粉末成形的模具镶件照片及其中的随行冷却水路示意图。

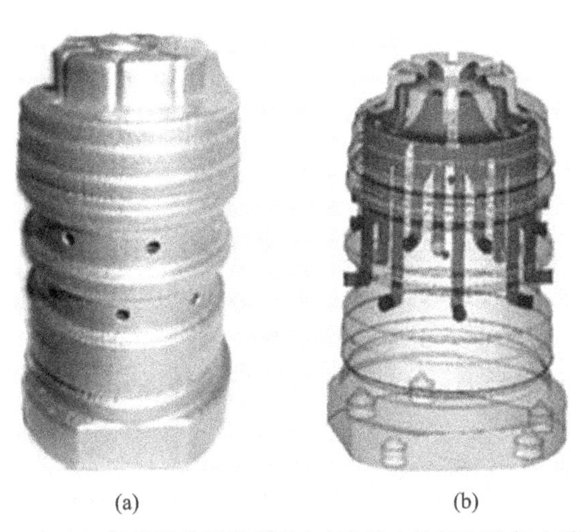

(a)　(b)

图2-5　SLS方法打印的模具镶件照片(a)及其中的随行冷却水路示意图(b)

任务 3.3　3D 打印技术应用于熔模铸造

熔模铸造又称失蜡铸造，其工艺过程包括模具制作、注蜡、修模、组装浇冒口、挂浆、撒砂、硬化、脱蜡、膜壳焙烧、浇铸金属液及后处理等工序。在本任务中，将具体介绍 3D 打印技术是如何有效应用于熔模铸造中的。

1. 熔模铸造的概念

熔模铸造是熔模精密铸造的简称，由于通常所用的熔模模料是蜡基材料，故又称失蜡铸造。熔模铸造是一种近净成形的先进加工工艺，能生产接近零件最终形状的精密复杂铸件。

熔模铸造是先用易熔材料制成可熔性模型，简称熔模，然后在其上涂覆若干层特制的耐火涂料和撒砂，经过干燥与化学硬化形成型壳，加热到高温，使低熔点的模型熔化，并将其倒出，获得中空的型壳，再将型壳经高温焙烧，最后向其中浇注熔融的金属，冷却而得到铸件的方法。

2. 熔模铸造的历史和现状

熔模铸造有着悠久的发展历史。早在 4000 多年前，古埃及的金匠就用此法从事宝石工艺生产；我国也在 2000 多年前，就用此法生产各种工艺品。据我国明代手工艺百科全书《天工开物》记载，早在公元前数百年前，我们的祖先就用蜡和牛油制作模型，上面覆以黏土，经烧烤后，熔失蜡和牛油得到中空型腔，用来铸造青铜钟鼎及樽、盘器皿。

熔模铸造这一独特工艺应用于工业生产是在第二次世界大战前后。1930 年，英国首先将该技术应用于航空涡轮增压器的生产中，到了 1942 年，美国开始研究应用熔模铸造，后来苏联、日本、德国相继开始研发和应用。直到现在，由于航空及军事工业的不断发展，促使熔模铸造工业在全世界得到飞速发展。

目前，我国熔模精铸行业随着科学技术的发展，熔模精铸工艺的各环节都有长足的进步，除应用于航空、军事外，几乎已应用于所有工业部门，特别是机械、电子、石油、化工、能源、交通运输等。

3.3.1　3D 打印制造熔模的工艺

1. 熔模设计

按产品零件图和要求，并根据零件加工余量、收缩率等参数，计算出模型的尺寸，再用三维设计软件建立熔模的三维模型。

2. 制造熔模

熔模决定着型壳的质量，间接影响着铸件的质量，故熔模制造是决定铸件质量的开端。

利用 3D 打印技术制造熔模有两种方法，一是直接成形熔模实体，另一种是先制造熔模模具，再通过模具制造出熔模。

直接成形熔模实体：用 SLS、FDM 方法，使用粉末蜡材料，直接烧结出熔模模型，一般用于数件或数十件精铸件的生产。

制造熔模模具：当用于数百件及以上的批量熔模铸件生产时，多用 3D 打印技术成形出一个其内腔为熔模模型的成形件，通过对其进行后处理，以及表面增强、耐热涂层处理后，用来制作熔模模型。多种 3D 打印方法均可用于成形这种模具。

具体使用哪种方法，要比较两种方法平均每件精铸件的生产成本和生产周期，以及精度要求后，按照实际可行的方法决定。

在熔模模型制造完成后，还需要组合模组。组合模组是利用电热刀将熔模、直浇口和内浇口焊成一体。组合模组后形成熔模制造浇注系统，浇注系统可以作为液体金属导入型腔时的通道，同时也可以作为蜡模熔化时的导出通道。

3. 型壳制造

型壳制造是熔模制造的重要环节之一，型壳质量的好坏将直接影响铸件的质量。型壳制造过程主要分为三步，制壳、熔失熔模和焙烧型壳。

(1)制壳材料

熔模制造的型壳制备需要黏结剂、撒砂用料，用两者混合配置成耐火涂料。

(2)黏结剂

熔模制造中使用的黏结剂通常有三种，分别为硅溶胶、硅酸乙酯和水玻璃。

①硅溶胶。使用硅溶胶材料，在型壳制造中不需要化学硬化，工序简单，操作方便，配置涂料稳定性好，是熔模制造常用的一种优质黏结剂，但型壳干燥慢，湿强度低，制壳周期长。

②硅酸乙酯。硅酸乙酯所含杂质低，耐火度高，制壳生产周期短，配置涂料粉液比好，涂层致密，故铸件表面质量好。硅酸乙酯通常用于高温合金铸件、不锈钢铸件和表面要求高的铸件。但由于醇基溶剂会导致制壳间污染，环保性能差。

③水玻璃。水玻璃性能稳定，应用方便，型壳湿强度大，价格低廉。但配置涂料粉液比低，涂层不致密，会使铸件表面粗糙度大，只适合于对表面要求不高的碳钢、低合金钢以及铜、铝等非铁合金精铸件生产。

(3)撒用料

撒用料即撒砂时所用的材料，由于直接与熔模接触，同时又需和黏结剂混合形成涂料，所以应具有高质量耐火材料的性质(如耐高温、高温强度大、高温体积变化率小等)以及高纯度和化学稳定性。目前我国主要使用的材料为石英和刚玉(氧化铝)。

撒用料需根据铸件的精度要求、质量大小及型壳层次选用。准备撒用料的整个过程包括破碎、粉碎、洗涤、干燥和焙烧。根据要求和材料具体情况可以不进行破碎、粉碎、洗涤和干燥。

(4)配制耐火涂料

需按型壳层次要求，配制出一定黏度、密度，并且干燥速度、凝结时间良好的涂料。

(5)制壳

①涂挂涂料。涂料在使用前先搅拌均匀。涂挂涂料的方法有淋洒法、喷涂法、涂刷法、浸涂法和联合法等，在通常情况下，都采用浸涂法。将模组浸入涂料中，同时转动模组，去除气泡，取出模组，并等待一段时间让多余涂料流走。

②撒砂。在涂料层外面粘上一层粒状或粉状的砂料，使型壳迅速增厚，并使前后两涂层更好地黏结在一起。

③型壳层的硬化。每涂覆形成一层型壳后，需要进行硬化，让涂料和耐火材料真正结合成为一体。硬化使涂料中的黏结剂由溶胶向冻胶、凝胶转变，把耐火材料连在一起。硬化后取出等待干燥即可。

(6)熔失熔模

在型壳完全硬化后，为了从型壳中熔去模组，要进行熔失熔模处理。

现有的方法有热水法、水蒸气法、热空气法和微波加热法，需根据具体生产条件不同，选用不同方法。其中热空气法、微波加热法在我国使用较少，故不做详细介绍。

①热水法。将带有模组的型壳放入80～90 ℃的热水中加热，使蜡质模料熔化，并经由浇口溢出。此方法模料回收率高，熔失过程快，操作方便，设备简单，可有效防止型壳因熔模热膨胀而破裂。热水法主要用于低熔点熔模的熔失，可使水玻璃黏结剂型壳进一步硬化，提高铸件表面质量。

②水蒸气法。将模组浇口朝下放在高压釜中，向釜内通入高压蒸汽，使蜡质熔模受热熔失。熔失熔模应该单向受热，让模料先从浇注系统部位开始熔化并流出，这样不会引起型壳破裂，且熔失速度较快。

(7)焙烧型壳

在浇注金属液前，还需要对型壳进行焙烧处理，去除型壳内的残余模料、杂质、水分，使型壳强度增加，内腔更为干净。焙烧前，需要先将型壳埋在充满沙粒的铁箱中，再装炉焙烧；若型壳耐高温，则可直接送入炉内焙烧。焙烧过程中温度逐渐增加，直到800～1000 ℃，保温一段时间。

4. 浇注金属

将焙烧好的型壳从炉中取出，放入铁箱，在型壳四周填好砂后，即可进行浇注。高强度的型壳可不用填砂直接浇注。浇注时型壳温度根据铸件大小、壁厚和浇注金属种类而定。

5. 脱壳与清理

脱壳与清理包括了脱壳、切除浇口及后处理。脱壳通常使用脱壳机进行，浇口的切除则视铸件材料而定，后处理主要是清除残留物及改善铸件表面质量。

6. 3D打印技术在熔模铸造中的应用

①FDM 、SLS两者直接制造熔模使用的材料均为蜡，熔失熔模后材料可回收再次使用。

②SLA使用新型树脂为材料直接制造熔模，为防止脱模时型壳破裂，通常做成中空原型。使用SLA工艺不用进行熔失熔模处理，焙烧型壳时可将熔模完全烧去，但焙烧结束后需对型壳进行清洁，再进行金属浇注。

③LOM使用纸为原材料直接制造熔模，需对其外表面进行处理方可使用。与SLA一样，不需要熔失熔模，焙烧后需对型壳进行清洁。

④所有的3D打印工艺都可直接制造熔模模具，打印出来的成形件需进行后处理，然后才可投入生产。

⑤若3D打印设备的精度足够高，可以不制造熔模，而直接打印型壳，也可省去熔失熔模工序。

7. 熔模铸造应用举例

图2-6所示的是使用SLS方法烧结粉末材料成形的蜡模及用其铸造的铝合金螺旋叶片。

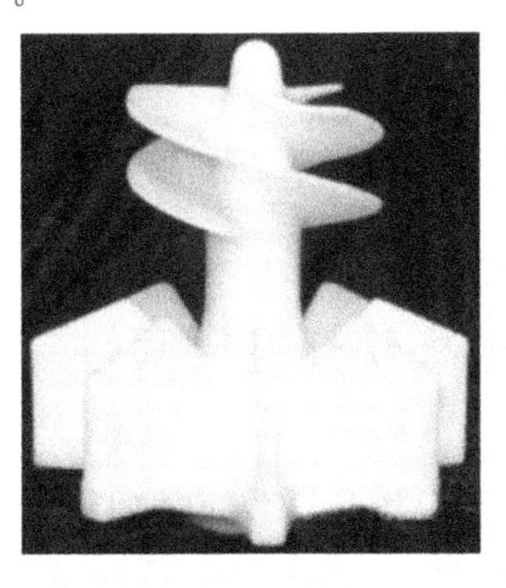

(a)

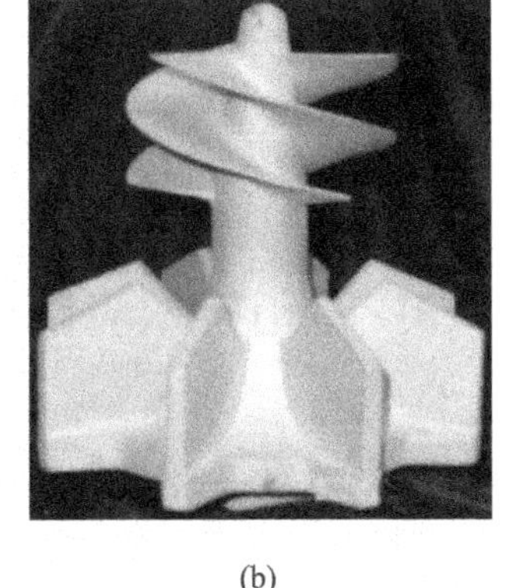

(b)

图2-6　粉末烧结蜡模及用其铸造的铝合金螺旋叶片

3.3.2 熔模铸造的优点

1. 熔模铸造的优点

(1)产品尺寸精度高,表面粗糙度低

熔模铸件尺寸精度可达到名义尺寸的5‰,粗糙度可达0.8~3.2 μm,从而大大减轻了后续机械加工的工作负担。

(2)铸件力学性能优越,综合工艺成本低

由于该工艺本身的优越性和稳定性,铸件的力学性能可以保持在较高的水平上。熔模铸造特别适合于结构形状复杂的零件。合理设计的单一铸件有时可以代替多个零件的组合装配结构,可以省却多道冲压、锻造、机械加工、焊接等传统工艺。鉴于该工艺的强大灵活性,成形显得容易,零部件的重量可以明显减轻,从而可以明显降低产品的综合成本。

(3)材质适应广泛

熔模铸造适合于大部分铸造合金,包括各种铸铁、碳素钢、低合金钢、工具钢、不锈钢、耐热钢、镍合金、钴合金、钛合金、青铜、黄铜、铝合金等,尤其适合难于锻造、焊接、机械加工的材料。

(4)优良的柔性生产性

熔模铸造无须非常复杂的机械设备,模具种类和加工方案也灵活多样。对于生产批量无要求,特别适合多品种、小批量的生产模式。

(5)铸件外表精细

熔模铸造可以逼真地反映模具的形状,故可以在铸件表面铸出精细的文字或图案,可以提升产品的美观性及艺术价值。

2. 3D打印技术应用于熔模铸造的优势

(1)经济性好

无论用3D打印直接成形熔模或是制造熔模模具,都免去了熔模原型的制造,减少了制造熔模的成本。直接打印的熔模精度高,且免去了加工余量和损耗补偿的计算,同时可节省材料。

(2)实用性好

多种3D打印方法都可用于熔模铸造,特别是FDM(熔融沉积成形)提供了另一种优势,成本低廉。

3.3.3 3D打印技术应用于熔模铸造的局限性

1. 材料性能的影响

凝固过程中,材料热收缩会产生应力变形从而影响成形件的精度。通过改进材料的配方,并在设计时考虑收缩量进行尺寸补偿,能够减少这一因素的影响。

2. 分层厚度的影响

通常情况下,成形件表面产生的台阶将随着分层厚度的减小而减小,而表面质量将随着分层厚度的减小而提高，但是如果分层过小，成形的时间过长将影响加工效率。同理，分层厚度增大将使实体表面产生的台阶增大，降低表面质量，但是相对而言会提高加工效率。那么就需要兼顾效率和精度来确定分层厚度，必要时可通过后期打磨来提高原型表面质量及精度。

3. 扫描方式的影响

3D 打印扫描方式有螺旋扫描、偏置扫描及回转扫描等，为了提高表面精度，缩短扫描时间，提高扫描效率，可采用复合扫描方式，即外部轮廓用偏置扫描，内部区域填充用回转扫描。

任务 3.4　3D 打印技术用于制造产品的模具

传统模具设计与制造过程需要大量的经费投入和较长的时间消耗，是制约产品更新换代的主要因素之一。为缩短制造周期、降低成产成本，以适应社会飞速发展，3D 打印技术应用于模具制造有着现实意义。本任务介绍 3D 打印技术用于制造模具的各种方法。

1. 快速模具制造技术

基于 3D 打印技术的快速制造模具的方法，通常称为快速模具制造技术。快速模具制造技术在保留传统模具优点的情况下，利用 3D 打印技术，将模具的设计、制造时间大幅减少，从而快速完成模具制作，且 3D 打印技术大幅降低了制模成本。

2. 快速模具制造技术的分类

快速模具制造（RT）技术分为两大类，第一类是直接快速制模（direct rapid tooling，DRT），即用 SLS、FDM、LOM 等 3D 打印工艺直接制造出树脂模、陶瓷模和金属模。3D 打印直接制模的工艺简单、精度较高、生产周期短，但是模具使用寿命普遍不长，通常用于小批量产品制造。第二类是间接快速制模（indirect rapid tooling，IRT），即先用 3D 打印技术制造出原型或者过渡模具，再通过后续的方法来制造模具。

任务实施

图 2-7 是 3D 打印制造模具的方法总结，下面介绍一些基于 3D 打印技术的典型模具制造方法。

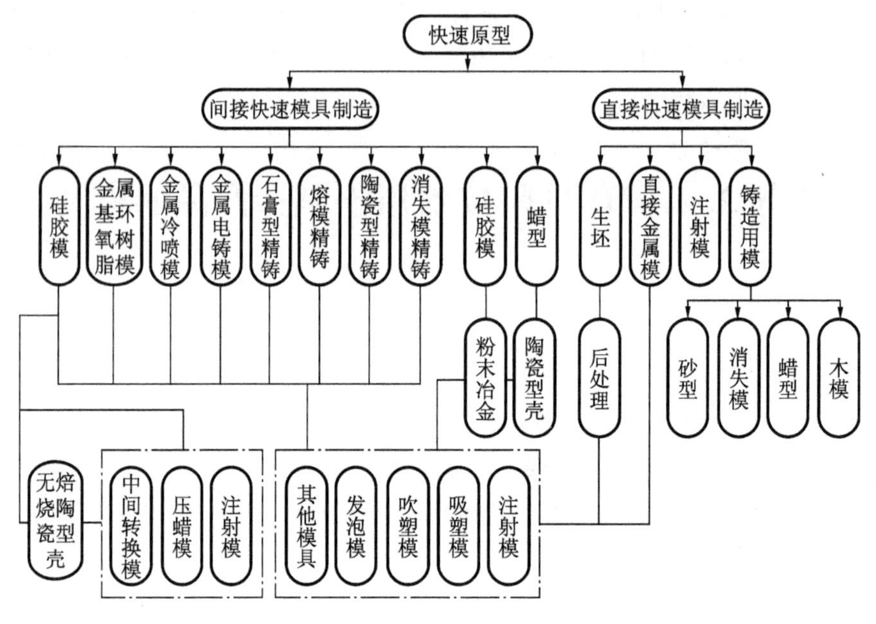

图 2-7　3D 打印制造模具的方法

3.4.1　直接制模

1. 纸模

用 LOM 方法，以特殊的纸为成形材料，可直接制造纸质模具。用 LOM 方法制造的纸质模具，拥有较高的强度和较好的耐磨性，且可承受 200 ℃左右的高温，经过表面打磨处理后，再给模具表面进行增强处理，即可投入使用，但表面打磨需手工完成，耗时较长，提高了成本。纸质模具通常作为较低温度下使用的模具，如试制产品的注塑模、精密铸造的蜡模成形模具、消失模铸造法中制造消失模型的模具，此外，纸质模具也可以替代砂型铸造中使用的木模。

2. 树脂模

树脂模是用 SLA 和 SLS 工艺快速成形的模具，可直接作为吸塑模使用。若 3D 打印的树脂模经过处理提高了表面性能，则可以用作形状、表面复杂的型腔模具，具有复制性好、尺寸精度高的特点。

(1)SLA 工艺打印树脂模

SLA 直接使用光敏树脂打印的树脂模，在强度、韧性和精度等方面都有较好的性能，可作为注塑模使用。模具寿命较短，在小批量塑料零件的模具制造中有着较为广泛的应用。

(2)SLS 工艺打印树脂模

用 DTM 公司提供的 Nylon 和 Tureform 两种成形材料，通过 SLS 工艺打印成树脂模，模具成形后，组合在注射模的模座上，可用于实际的注射成形。图 2-8 所示为用 SLS 工艺烧结覆膜砂作为模型和砂芯，并用其铸造出来的金属零件。

图 2-8　SLS 烧结覆膜砂作为模型和砂芯及用其铸造出来的金属零件

3. 金属模

SLS 工艺可直接打印金属模。

(1)金属粉末大功率激光烧结

使用大功率的激光(超过 1000 W)直接对金属粉末进行烧结，打印出模具，经过表面后处理，即完成模具制作。模具可作为注射模、压铸模、锻模使用。该方法必须使用高功率的激光进行烧结，以免金属粉末熔化不完全，导致模具强度下降，所以存在能耗过高的缺点。图 2-9 所示为 SLS 烧结金属粉末成形的具有复杂冷却水道模具的模芯。

(2)混合金属粉末激光烧结

将两种金属粉末混合，作为 SLS 工艺的成形材料，其中一种金属粉末的熔点较低，作为黏结剂使用，混合金属粉末有 Fe-Cu、Cu-Sn、Ni-Sn、Fe-Sn 等。这种方法打印出来的模具可直接投入使用，通常用于塑料零件、蜡模的制造。

(3)金属-树脂粉末激光烧结

SLS 工艺使用金属-树脂粉末直接打印的模具，内部有多孔状结构，致密度低，后续需进行后处理工序，即把模具加热到高温，使树脂气化(即脱脂)，再加热到更高温度进行长时间烧结，使金属粉粒间建立连接，然后放入低熔点的金属液中进

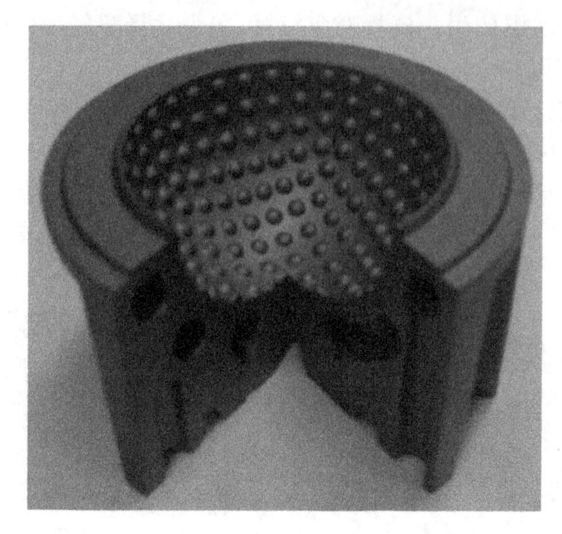

图 2-9 SLS 烧结金属粉末成形的具有复杂冷却水道模具的模芯

行渗金属处理(如渗铜),即可获得加长寿命的模具,通常用作注塑模。

3.4.2 间接制模

3D 打印技术和传统制模工艺的结合,可以达到互补的效果,所以快速间接制模的应用比直接制模要更加广泛。项目 2 中的硅胶模和 3D 打印技术在熔模铸造中的应用,都是间接制模的方法。接下来将简单介绍其他间接制模工艺。

1. 树脂模

(1)环氧树脂模

利用 3D 打印工艺,直接打印出产品原型,对原型表面进行表面处理后,以液态的环氧树脂为材料,通过浇注的方法制造模具,浇注过程与项目 2 中的硅胶模类似,此处不做详细介绍。具体的工艺流程为:打印原型→表面处理→制造模框→设计分型面→刷脱模剂及胶衣树脂→浇注模具。环氧树脂模寿命比硅胶模长,制件可达 1000～5000 件,可满足中、小批量的产品制造。

(2)金属树脂模

金属树脂模的做法与环氧树脂模基本相同,使用的是金属粉末与环氧树脂的混合材料,通过 3D 打印技术制造原型,而后浇注翻制成模具。金属树脂模在强度、耐温性方面,都比硅胶模拥有更好的性能。

2. 陶瓷精密铸造

陶瓷精密铸造的基本原理是利用 3D 打印技术制造产品原型,用陶瓷浆料对其浸挂,制成陶瓷铸型,最后利用铸造方法制造模具。此方法一般只在单件或小批量生产模具时使用,模具通常作为注塑模。

陶瓷精密铸造具体的工艺流程为:打印原型→浸挂陶瓷浆→焙烧固化→烧去原型→预热型壳→浇注型腔→抛光→加入浇注系统→铸造完成。

陶瓷精密铸造的型腔对最终完成的制品有很大影响，浇注型腔的方法通常有以下两种。

(1)软模浇注

使用3D打印技术打印出塑料原型，然后浇注成软模，可以使用环氧树脂、硅橡胶、聚氨酯等材料。移去原型后，可在软模中浇注陶瓷，结合铸造技术制造钢型腔，抛光后加入浇注系统即可获得批量生产用的注塑模；或者在软模中浇注陶瓷和CBC的复合材料，形成陶瓷型腔，固化抛光后，加入浇注系统，可制得小批量生产用的注塑模，寿命为300件左右。

(2)覆膜陶瓷粉烧结

覆膜陶瓷粉是以TiC为陶瓷材料，由有机树脂包覆而成的。该方法是通过SLS工艺，按型壳的三维数据模型，直接对覆膜陶瓷粉进行激光烧结，制造出陶瓷型壳，再与制造出的浇注系统结合在一起，制成型腔。这种方法简单直接，但每次只能制造一个型腔，生产效率较低。

3. 电火花电极快速制造加工钢模

电火花加工是通过浸泡在溶液中的两个电极间脉冲放电时产生的电蚀作用，去除导电材料的特种加工方法，简称EDM。

电火花加工模具是常用的模具制造方法之一，但电火花石墨电极加工困难，限制了模具的应用。而通过3D打印技术快速成形出电火花石墨电极，加快了模具加工速度。

利用3D打印技术制造Cu电极和石墨电极的方法并不同。

(1)Cu电极

Cu电极是将电极的三维模型转换成负型，直接打印出电极负型，然后将电极负型放入铜电镀液中进行电镀处理，覆盖一定厚度的铜层后，取出并使用环氧树脂填充底部，再连接固定铜棒，即完成Cu电极的制造。

(2)石墨电极

石墨电极是先用3D打印技术打印出电极原型，然后利用石墨电极研磨机复制出电极的三维研具，研磨机再用研具研磨出石墨电极。

4. 电铸技术

在电铸技术中使用3D打印技术直接打印出产品原型，然后在产品原型上电镀出一层金属层，背衬低熔点合金支撑，分离后获得模具原型，对模具进行一些后处理后，即可作为注塑模使用。该方法有成本低、生产周期短的优点。

3.4.3 金属喷涂模具技术

1. 金属喷涂模具的技术类型

金属喷涂模具技术分为金属冷喷涂模具技术和金属热喷涂模具技术两种类型。

(1)金属冷喷涂模具技术

使用喷枪将充分雾化的低熔点金属以一定的速度喷射到产品原型的表面，形成模具的型腔表面，背衬支撑材料后，分离得到精密金属模具的方法，被称为金属冷喷涂模具技术，这类模具被称为硬模(hard tooling)。在金属模具中加入浇注系统、冷却系统后，即构成注塑模具。

(2)金属热喷涂模具技术

将熔化的金属雾化后，使用喷枪高速喷射沉积在产品原型上，获得特殊性能的金属层，背衬支撑材料后，分离得到金属模具的方法，被称为金属热喷涂模具技术。金属热喷涂模具的主要技术有火焰喷涂、电弧喷涂和等离子喷涂，其中，后两种技术同时也是金属喷涂模具的主要技术。

2. 金属喷涂模具的主要技术

1)电弧喷涂法

(1)电弧喷涂的制模原理

用两根金属丝的一端连接直流电源的正、负极，当另两个端部之间距离足够近时，就会击穿空气产生电弧，电弧将金属丝头部熔化，同时，位于电弧后方的喷嘴将高压、高速的空气喷出，使两金属丝头部熔化的液体金属雾化，并跟随空气流高速撞击物体表面，使表面平整，形成光滑、致密的金属涂层。电弧喷涂的主要工艺参数有电压、电流、雾化气压、喷涂距离、送丝速度和移动速度等。以 3D 打印零件作为金属沉积表面，喷涂一定厚度的金属后，形成以该喷涂层金属作为模具的型腔，加上背衬支撑材料，就可以作为模具使用。

(2)电弧喷涂的优点

①制模时间短，有利于新产品开发，符合市场需求；

②工艺简单，不需要机械加工，制造成本低；

③模具精度、强度、耐磨性相比非金属材料模具都有较大提高，使用寿命长；

④不受产品尺寸、材料限制，都可进行喷涂。

(3)电弧喷涂的工艺流程

电弧喷涂的工艺流程为：

3D 打印原型→涂刷隔离剂→金属喷涂→背衬处理→脱模→表面抛光

2)等离子喷涂法

(1)等离子喷涂的制模原理

喷枪的钨电极与直流电源的负极相连，而以铜为材料的喷嘴与直流电源的正极相连，通电时，喷嘴和钨电极之间的空气将被电离，产生高温等离子弧，喷涂粉末随着工作气体从气道进入喷枪后，被迅速熔化并跟随高速火焰流喷射到物体表面，对表面进行打击并黏结在工作表面上，形成金属层。以 3D 打印零件作为金属沉积表面，喷涂一定厚度的金属后，形成以该喷涂层金属作为模具的型腔，加上背衬支撑材料，就可以作为模具使用。

(2)等离子喷涂的优点

①等离子弧的能力集中,温度超过万度,喷涂材料除了金属,还可以是陶瓷粉末或金属与陶瓷的复合粉末,可制造出表面性能优良的模具型腔。

②等离子的流速大,熔融粉末动能大,形成的金属层致密性好,可以制造具有精密表面图案的模具。

③可选择不同的工作气体,以保证喷涂材料不被氧化。

④制造周期短,成本低,工艺简单。

(3)等离子喷涂的工艺流程

等离子喷涂的工艺流程为:

3D 打印原型→表面氧化处理→金属喷涂→背衬处理→脱模

3. 基于 3D 打印工艺的金属喷涂模具技术的特点

3D 打印技术对于金属喷涂模具技术,主要是解决了产品模型的制造问题。

根据客户提供的产品的三维模型数据,利用 3D 打印技术快速打印出产品原型,然后进行金属喷涂处理,之后浇注背衬材料完成模具制造,整个流程只要几小时到十几小时即可完成,形成了模具的快速制造流程。

金属喷涂模具是一个复制产品原型表面的过程,可高度还原产品原型表面,故模具的表面精度主要取决于产品原型的表面精度。而 3D 打印技术可轻易打印出高精度的产品原型,使模具精度得到保证。

4. 金属喷涂模具的应用

金属喷涂模具由于非常适合低压成形过程,如反应注塑、吹塑、浇注等,所以应用领域非常广泛,包括注塑模、吹塑模、反应注塑模、吸塑模、浇注模等。金属喷涂模具用于聚氨酯制品生产时,件数可达 10 万件以上;用金属喷涂模具生产尼龙、ABS、PVC 等材料的注塑件,按注塑压力不同,件数从几十到几千不等;在小批量塑料件的生产当中,使用金属喷涂模具是经济有效的生产方式,并且生产周期短,符合愈加频繁的市场产品更新速度要求。

项目 4　3D 打印技术应用于工业与艺术设计

3D 打印技术是一种创新技术,它可以在很短的时间内,仅仅利用三维 CAD 设计的数据模型,不需要任何辅助的工装夹模等辅助工具,直接成形出复杂零件,其制造过程与使用的材料和产品形状的复杂程度没有关系。这种方法可以把设计师从制造过程的束缚中解放出来,只考虑表达和功能,由 3D 打印设备来实现产品的制作。

项目目标

(1)了解 3D 打印技术在工业设计中的应用；

(2)了解 3D 打印技术在艺术设计中的应用。

知识目标

(1)了解工业与艺术设计的基本流程；

(2)熟知 3D 打印技术应用于工业与艺术设计的优势。

能力目标

(1)掌握零件设计的快速验证方法；

(2)掌握艺术设计的快速验证和快速制造方法。

任务 4.1　3D 打印技术应用于工业与艺术设计的优势

任务描述

3D 打印技术在设计上的优势，体现在它的成形过程与对象的复杂程度无关，成形时间短，费用较低。3D 打印件完全根据设计的三维数据模型成形，精度高，不需要技术高超的设计师。本任务介绍 3D 打印技术在工业、艺术设计上的巨大优势。

知识准备

1. 设计的基本流程

(1)概念确立

设计一件产品，首先要有蓝图，确定设计产品的概念，这是设计最重要的一步，决定着后续步骤的具体实施。

(2)原型设计

以产品概念为基础，设计出具体可视的产品模型，对产品的尺寸、结构都需要做出明确定义。

(3)原型制作

根据形状公差、几何公差，制作出符合要求的产品原型。原型制作是整个设计流程中所需时间最长、成本消耗最多的过程。

(4)验证

对产品原型进行各方面的验证，如产品的功能、尺寸、物理性能等都需要进行验证。若有问题，则需要对产品设计进行修改完善，并重新制作新的产品原型进行再次验证。如此循环，直到获得可投入生产的产品设计。

(5)审查

设计人将产品设计交由上层进行审查，确定设计方案的可行性。

(6)生产发布

审查通过后的设计方案，即可开始投入生产。

2. 3D打印技术在设计方面的主要应用

在新产品的造型设计过程中，3D打印技术的应用为工业产品的设计开发人员建立了一种崭新的产品开发模式。运用3D打印技术能够快速、直接、精确地将设计思想转化为具有一定功能的实物模型(样件)。样件使得对设计的验证、评价和审查过程更直观、有效。这不仅缩短了开发周期，而且降低了开发费用，也使企业在激烈的市场竞争中占有先机。同时3D打印可制造小批量的产品，可以在更广的范围内对产品进行评价和用户体验，这也可以使设计师的思维得到解放。总之，3D打印技术加快了产品的设计验证进程，改变了产品的设计、验证方式。

4.1.1 思维限制解除

1. 产品设计的限制解除

以往设计师在对产品进行设计时，需要考虑所设计的产品的后续制造约束问题，涉及产品的结构复杂程度，产品结构越复杂，制造难度就越高，甚至无法制造，成本也可能无法接受。借助3D打印的手段，可以方便地打印出任何复杂结构，与制造时间和成本无关，并且适合诸如累加、镂空、扭曲等复杂造型的产品成形。3D打印解除了产品制造对设计师在产品设计时的思想限制，拓展了设计师的思维，让设计师只需要关注产品本身的表达、效果和功能等。图2-10所示为3D打印成形的二十层的大套小球体，这种结构用其他方法不可能制造出来。

2. 设计师的拓展

3D打印技术解除了产品设计时需考虑制造问题的限制，同时，由于3D打印所需的模型数据可以保存为STL格式，利用网络，完全可以实现模型数据的长距离传递。产品将不再依赖于企业的设计师设计，设计师可以是：

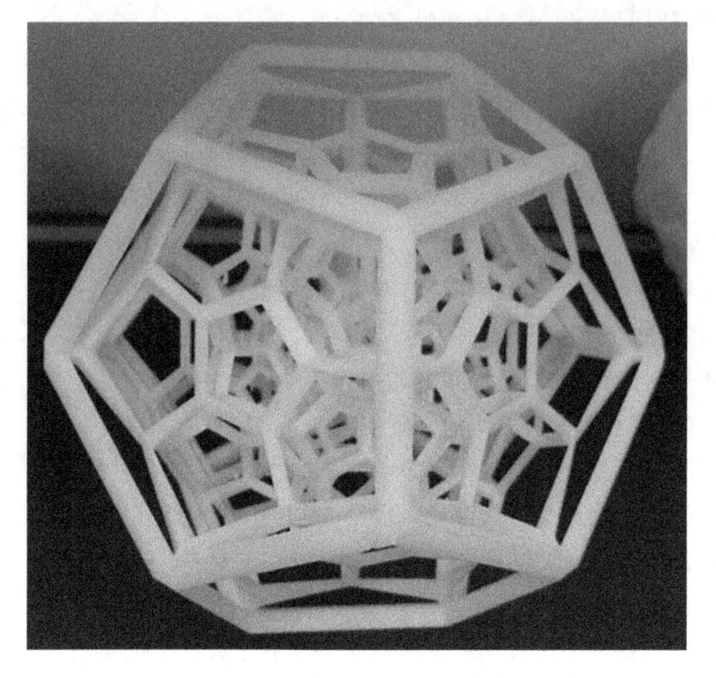

图 2-10 3D打印成形的二十层的大套小球体

(1)客户

通过网络,客户可以直接设计出所希望的初始产品数据模型,然后发送给企业;企业的专业设计师只需将得到的数据模型进行完善,修改出符合使用要求的产品,再发送回客户。只要客户满意认可,就可以立即进行3D打印制作。

(2)消费者

随着网络的发展,出现了新的设计-生产模式。设计师不再只依靠自己的力量独立设计,而是扮演设计组织者的角色,组织有效的设计平台。

通过互联网,企业可创立自己的网站、网络社区或论坛,通过某些奖励模式,发动民间众人进行创意设计投稿,获得更多的产品设计方案。小批量生产的企业,设计师可对产品进行多种设计,公布于网络,让人们进行投票筛选,毫无疑问,票数高的产品设计一定是认可、接受度比较高的设计,可通过3D打印直接投入小批量生产。

4.1.2 周期缩短且容易修改

产品设计周期的时间长短,影响着产品进入市场的速度。若产品进入市场的时间过于漫长,将导致企业潜在利润的大幅缩水。同时,更早上市能更容易获得比竞争对手更多的市场占有率和认可度、满意度。

1. 设计原型的快速制造

在产品设计周期中，设计原型的制造会消耗相对较长的一部分时间。3D打印技术能够快速制造设计原型，所以3D打印技术可以缩短产品的设计周期。

2. 产品的验证

设计原型制造出来后，需要进行验证、评审、修改，而修改是可直接在数据模型上进行的，修改完毕后，又可用3D打印机读取数据模型的文件，快速制造出修改后的产品并进行再次验证。整个过程快速便利，设计可进行多次的修改，直到获得可完美达到要求的产品。

4.1.3　制造成本低

产品的最终成本包括整个设计过程的费用和产品制造的成本。这两方面都降低，就可为企业赚取利益。

1. 设计成本

设计原型的制造及验证修改的过程，是产品设计阶段消耗费用最大的地方，而3D打印技术可快速制造设计原型，相比传统方法极大地缩短了时间，大大降低了设计的成本。

2. 运输成本

3D打印产品可以通过网络远程传输数据模型文件，可在对产品有需求的异地进行打印，减少运输费用。

3. 试制生产

设计出来的新产品是否受市场欢迎是个未知数，如果按照传统方法先行制造工装夹模具，其价格较昂贵，一旦新产品不受市场欢迎，就会出现亏损。为避免这样的风险，利用3D打印技术可以把设计的产品先试制一部分，进行用户体验，检验市场欢迎程度，并可以根据市场的反应，随时进行改进。如果设计的产品符合市场需求，再投入资金进行制造生产能力的开发，这样可为企业节约经费，降低风险。

任务4.2　3D打印技术应用于设计的快速验证

产品设计完成后，在进入生产阶段前，须进行评审、验证，最好获取产品设计的用户反馈信息，以便对产品设计的市场可行性做出评估、论证。3D打印可以快

速制作出设计原型，便于直观地进行评审、评估，还可方便进行用户体验等，这样减少了产品投放市场的风险。本任务介绍3D打印技术在设计产品的评审、验证环节的应用。

任务实施

4.2.1 设计产品形状的验证

1. 结构功能验证

新设计出来的产品，结构上的创新是否能满足整个产品的性能要求，是需要进行验证的。验证由不同阶段组成：在设计阶段，利用仿真软件等，进行仿真验证；在设计完成后，利用产品实物进行验证。利用3D打印技术可直接打印或与传统加工方法结合，快速制造出验证用的产品原型。用这些实际的产品，通过一系列的试验、检测、评审等，来判断设计结构是否满足功能要求，是否需要进一步完善。采用这种技术路线，在时间、成本上都远低于通过传统机械加工制造验证用产品原型的消耗。

3D打印技术应用于零件结构功能的验证，以及军事、航空领域的风洞实验就是很好的例子。风洞实验是在风洞中安置飞行器或其他物体模型，研究气体流动及其与模型的相互作用情况，以了解实际飞行器或其他物体的空气动力学特性的一种空气动力实验方法。

进行飞机设计时，就需要开展大量的风洞实验，对气动布局、外形参数、武器配置和内部结构等的多种方案进行验证。风洞模型的设计和加工则是风洞实验的重要环节之一，大部分的成本和时间都花费在这里。

传统实用化的模型均采用金属材料进行机械加工成形，需要耗费大量成本和时间。利用3D打印快速制造复杂结构零件的优势，可在保证模型细节特征完整的情况下，快速制造出飞机的风洞模型。目前，融合新型3D打印技术和传统机械加工的树脂-金属复合模型已经得到应用，正用于新型号飞机的设计、研发。

3D打印加工的复合模型与传统的纯机械加工的金属模型相比，基于3D打印技术加工复杂内外结构的高效性，复合模型的加工周期和成本大幅降低，有助于提高飞机设计效率和降低成本。同时，基于3D打印技术的树脂-金属复合模型的零件数大大减少，复合模型的质量也大幅降低，这对提高模型在风洞中的共振安全性有重要意义。3D打印技术还处于飞速发展时期，随着新方法、新打印材料的不断出现以及现有打印方法的不断完善，3D打印的精度也会不断提高，一次性打印出符合验证要求的整个飞机风洞模型也许会在不远的将来实现。

图2-11所示的是用3D打印方法成形出的设计佛像，供进一步的评审、修改。

图2-11 用3D打印方法成形出的设计佛像

2. 尺寸精度验证

零件因设计中考虑不完全、制造过程的影响，部分零件还因材料、结构、高要求等问题，导致尺寸精度的变化较大，有无法达到零件的尺寸精度要求的可能，故需要对模具制造的零件进行尺寸精度的验证。

要将一个产品投入生产，需要投入设备和工装夹辅模具，其成本相当高，若制造出不符合要求的产品，将造成较大的损失，并且会拖延产品的上市时间。基于3D打印技术的快速制模技术，可快速地制造出各个零件。3D打印技术不用受到材料、形状、结构的限制，可快速成形出零件来验证设计的正确性，待验证无误后，再制造真正生产用的模具设备和工装夹辅模具来进行产品生产。

4.2.2 设计产品中零件装配关系的验证

装配关系指两个零件间互相联系和结合的情况。根据产品的具体要求，不同零件间的装配要求也不同，如间隙配合或过盈配合。

在产品设计中，单个零件的形状验证是一部分，同时要考虑到零件与其他周围零件的配合。只有零件之间配合完美，才能拥有可以使用的产品。3D打印技术可快速打印出各零件的实体模型，将其进行装配，可验证各零件间的装配关系；对复杂且由多个部件组成的总成，可直接打印出零件组合的部件来，装配各部件，直接验证产品整体的装配关系，免去了组合的操作，使验证流程更加简便、快速。

图 2-12 所示为利用 3D 打印件验证部件组装的装配关系。

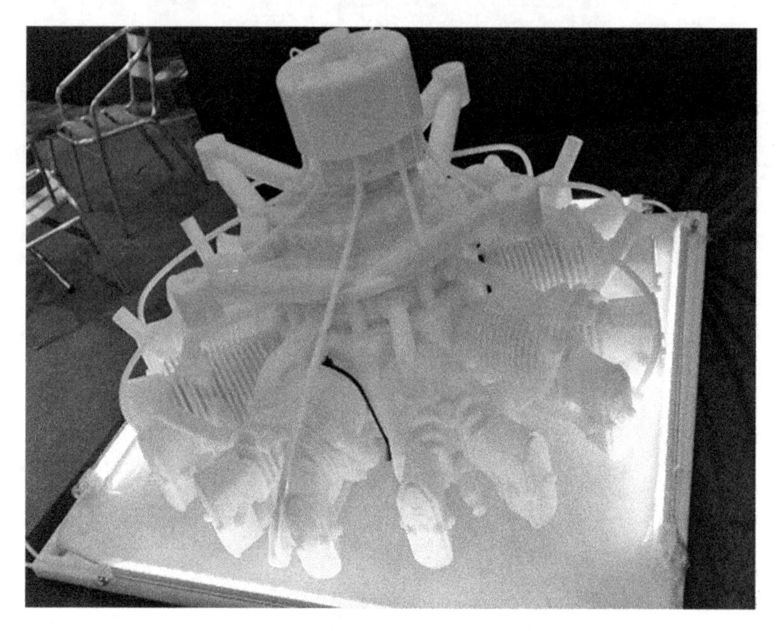

图 2-12　利用 3D 打印件验证部件组装的装配关系

3D 打印技术除了可以改善现有的零件装配关系的验证方法外，还可进行原来无法进行的装配验证，如医学用的接骨板。利用接骨板进行内固定是骨科治疗骨折常用的手段之一，但每个人的骨头都是不一样的，接骨板需要专门的设计，以保证与骨头的完美结合，防止骨头生长受到影响，甚至加快骨头连接恢复的速度。通过 3D 打印技术，可根据患者骨折部分的 CT 图像，快速制造出患者骨折部分的骨头模型，使用各型号的接骨板反复验证与骨头的结合度，以获得有最好固定效果的接骨板，然后再对患者进行接骨手术，使手术成功率大大提升，手术效果得以提高。

任务 4.3　3D 打印技术应用于艺术设计验证和制造

任务描述

艺术品的产量一般很小，只有一件或数件。与传统机械加工工艺相比，借助

3D 打印技术手段，可快速成形出设计师的设计用于艺术设计的验证，甚至进行后续的小批量制造。

1. 艺术设计的概念

艺术设计是一门独立的艺术学科，它的研究内容和服务对象有别于其他的艺术门类。同时，艺术设计也是一门综合性极强的学科，它涉及社会、文化、经济、市场、科技等诸多方面的因素，其审美标准也随着这诸多因素的变化而改变。

2. 艺术设计的类型

艺术设计包括了环境设计、广告设计、室内设计、产品设计、版式设计和网页设计等。其中，3D 打印技术主要应用于产品设计、环境设计和室内设计，在广告设计中也有小规模的应用。

4.3.1　3D 打印技术应用于艺术设计验证

艺术设计的验证，主要指实体艺术设计的验证，网页设计和版式设计的改动相对简单，并可直接呈现可视电子成品，通常并不需要对其专门进行验证后再进行设计的制作。

1. 对艺术设计进行验证的原因

艺术设计中，艺术产品设计、环境设计、大型实体广告设计、室内设计在设计的实现过程中，需要的成本都较高，要力求一次成功完成；同时，这些设计在完成定稿、实现产品后，难以再对设计对象进行修改变动，如环境设计中，牵涉到各建造之间的整体设计。故在实现设计前，对艺术设计对象进行验证，评判其效果，是非常重要的一个环节。

2. 艺术设计的验证

艺术设计主要是通过制作出设计对象的等比例模型进行验证的。传统用机械加工工艺制造设计模型既费时间，又要花费大量成本。同时，对于艺术品中的自由曲面和精细、复杂的空间结构，传统工艺的工序很复杂且制作非常困难。3D 打印技术应用于艺术设计验证，主要是制造出设计好的艺术验证模型。3D 打印工艺可根据艺术设计的数据模型，快速打印出与实体等比例的实体模型，尤其对于有大量镂空的复杂模型，3D 打印表现出了得天独厚的优势。通过 3D 打印出来的设计模型，可精确复原设计的数据模型，并且十分精细。设计模型打印出来后，即可用于观察、分析、评价，验证设计的可行性和美观性。

图 2-13 所示的是 3D 打印制作的花卉艺术设计品，供设计验证，可验证其造型、色彩、视觉表达等的效果。

图 2-13　3D 打印制作的花卉艺术设计品

4.3.2　3D 打印技术应用于艺术品的制造

1. 产品设计、成形

产品设计是一个创造性的综合信息处理过程，是通过多种元素如线条、符号、数字、色彩等的组合把产品的外观以平面或立体的形式展现出来。它是将人的某种目的、观念或需要转换为一个具体的物理形式或工具的过程；是把一种计划、规划设想、问题解决的方法，通过具体的操作，以理想的形式表达出来的过程。

在产品设计领域应用 3D 打印技术可以为设计人员建立一种崭新的产品开发模式。传统的产品设计过程需要对产品进行绘图，然后由手工或机械制作模型，整个设计流程相对复杂。应用 3D 打印技术，绘图后，可直接利用三维电子图像制作模型，不但缩短了制作时间，也极大地提高了模型制作的准确率。只要向 3D 打印机内输入模型数据文件，就可以直接获得想要的配件模型或产品模型，不需要有很高技能的雕塑师。3D 打印技术的应用，有效优化了产品设计流程，提高了产品设计的整体效果。于2013年诞生的Urbee是世界首辆3D打印汽车，整个车身使用3D打印技术一体成形，具有其他片状金属材料所不具备的可塑性和灵活性。整车的零件打印只耗时2500 h，工人需要做的只是把所有打好的零部件组装在一起，生产周期远远短于传统汽车制造周期。

图2-14所示的是用3D打印技术直接打印出的章鱼艺术品。

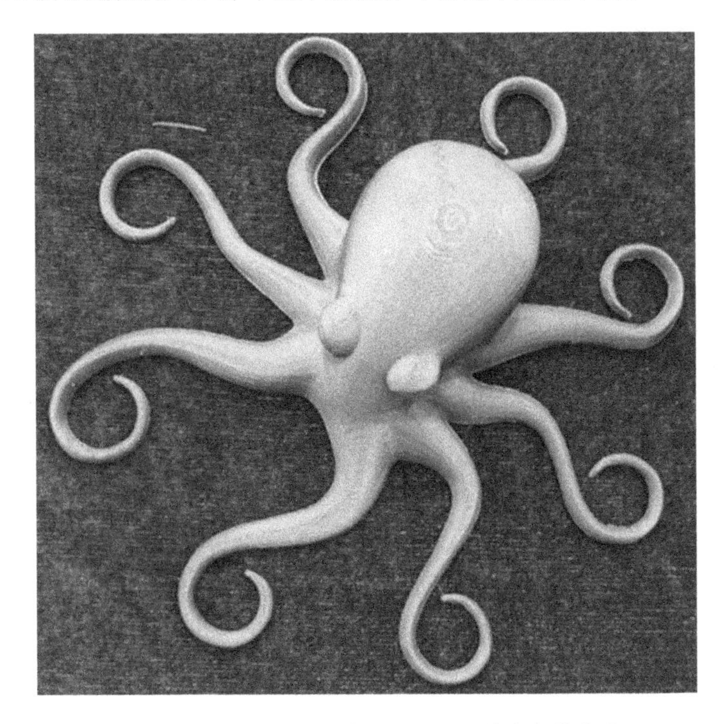

图2-14　用3D打印技术直接打印出的章鱼艺术品

2. 环境设计

环境设计是指设计者在某一环境场所兴建之前，根据人们在物质功能（实用功能）、精神功能、审美功能三个层次上的要求，运用各种艺术手段和技术手段对建造计划、施工过程和使用过程中所存在的或可能发生的问题，做好全盘考虑，拟订好解决这些问题的办法、文案，并用图纸、模型、文件等形式表达出来的创作过程。图2-15所示为3D打印制作出的用于评估的建筑模型。

随着科技的发展，环境艺术设计师们充分利用3D打印技术不断地探索创新，其中，3D打印材料的多样性、环保、可循环利用等特点都给环境艺术设计提供了很大的技术支持。通过3D打印制作出来的模型不仅是设计过程和项目施工过程中所用的工具，也可作为最终的设计作品展示。2014年3月，3D打印花园的展览品——miniature在伦敦市中心的StrandGallery展出，整个园林都是用3D打印制作的。设计师们想要通过3D打印制作的这个媒介寻找试验和探索创新的设计。

图 2-15　3D 打印制作出的用于评估的建筑模型

3D 打印还可以突破传统手工制作模型的形式，让一些用手工没办法完成的曲面设计模型变成现实，如人物造型、灯具、景观小品、雕塑等。

在建筑行业，设计师和工程师逐渐应用 3D 打印机来制作建造的外形。运用 3D 打印技术能够降低费用、保护环境，同时还可以节约时间。2014 年，3D 打印建筑在上海某地正式建设成功。这些打印出来的建筑墙体是用建筑垃圾制成的特殊材料，按照计算机设计的图纸和方案，经一台大型的 3D 打印机层层叠加喷绘而成的。小屋的建筑过程仅花费 24 h，3D 打印材料是一种经过特殊玻璃纤维强化处理的混凝土材料。3D 打印是一种颠覆传统的建筑模式，3D 打印建筑更加坚固耐用、环保、高效、节能。该建筑模式不仅解放了人力，未来如果产业化，还有可能降低建造成本。3D 打印技术在建筑领域的最大亮点就是把建筑垃圾再利用，同时让新建建筑不会产出新的建筑垃圾。

3. 室内设计

室内设计是根据建筑物的使用性质、所处环境和相应标准，运用物质技术手段和建筑设计原理，创造功能合理、舒适优美、满足人们物质和精神生活需要的室内环境。这一空间环境既具有使用价值，需满足相应的功能要求，同时又反映了历史文脉、建筑风格、环境气氛等精神因素。3D 打印技术应用于室内设计可分为家具及家居用品设计和室内装饰设计。

(1)家具及家居用品设计

人们传统意识上的家居产品，例如床、衣柜、桌椅等，都是一些比较规则的立体产品，比如椅子，就应当是有四个或几个放立腿，并且有依靠面板的物体。而通过 3D 打印技术，则可以将椅子设计成更加抽象，且具有复杂几何结构的立体物，例如光纤装饰椅。这种椅子造型的设计几乎脱离了人们传统意识上的椅子，它具有丰富的内部构造，且以一定规则呈现在外表当中。该设计灵感来源于网络光纤在自然环境中的构造。如果采用传统的设计方法，设计者很难掌握光纤存在的立体形态，而采用传统的椅子生产方式也难以实现如此复杂的物理学构造。3D 打印技术于家居产品设计中的运用主要是丰富了传统家居产品的形态。设计师能够在几乎完全摆脱传统家居形态的条件下，设计出具有复杂构造、造型奇异的家居产品，同时一并完成这些复杂产品的生产制作，使得这些家居产品更具现代感和创造性。图 2-16 所示的是 3D 打印制作的躺椅。

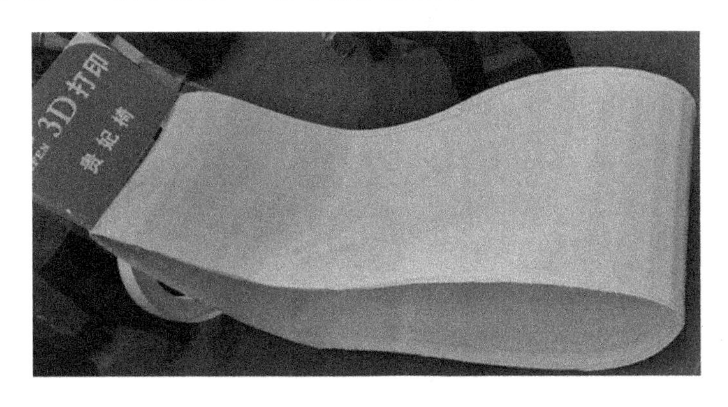

图 2-16　3D 打印制作的躺椅

2004 年法国设计师与某公司合作，利用 3D 打印技术设计制造了 Solid 家具系列。Solid 家具系列让设计界认识到 3D 打印技术在复杂实体制造方面的能力。2007 年该设计师又利用 3D 打印技术设计制造出名为 OneShot 的折叠凳子，该折叠凳子全部通过 3D 打印机编织而成。3D 打印技术让产品的造型有了更广阔的发展空间，同时也让产品的个性化特色更加突出。中国设计师携格物工作室，推出了 3D 打印作品“十二水灯”。设计师将中国传统绘画的意境与“格物致知”的思想相结合，用现代制造技术将文化的传承以全新的方式呈现出来。与机器生产和手工制造相比，3D 打印技术少了诸多的限制，例如复杂的造型、材料和设计的匹配等，并且它对于产品的制造更加接近设计本来的要求。

(2)室内装饰设计

室内装饰设计，包括墙面、吊顶等。在传统概念上，所谓墙就是一个平整、光滑的平面，设计者可以在上面添加平面图案、立体装饰等；对于吊顶，则一般是采用比较简单的棱角构造或者几何设计来丰富吊顶的层次和形态。总之，传统的室内装饰设计在形态和构造上都比较简单，而且需要大量的施工、连接构件、喷绘、粘贴等。某些材料的使用还可能严重污染室内环境，对人们的身体健康造成影响。材料的切割等会浪费大量的板材，稍复杂的工艺和设计的施工周期就更长，成本也高。但对于3D打印技术来说，上述问题都不再成为问题。使用3D打印技术进行室内装饰的设计，很多镂空设计、复杂形态的设计和复杂几何造型的设计都会变得简单很多，且线条之间的连接更加顺畅，几乎没有断点的位置，实际设计与样板间展示也几乎完全一致。这无疑提升了企业的设计水平。图2-17所示为3D打印制作的室内装饰品。

图2-17　3D打印制作的室内装饰品

4. 广告设计

实物广告是以商品自身为媒体的广告，将经营的商品悬挂于店铺门前，或陈列于顾客易见之处以招揽生意。实物广告是一种最原始的广告形式，是古代交换、推销货物时普遍应用的广告方法。

3D技术在数字化广告设计上已取得新突破，如2016年我国央视的形象宣传片，从传统的水墨元素切入，通过水墨动态方式展现央视品牌内涵，在塑造品牌形象的同时也提升了央视品牌价值。传统的品牌塑造往往是采用广告语、口号、故事等设计要素，在二维电视屏幕上展现，而3D数字化广告则让观众在感受3D广告带来的全新视听觉冲击力的同时，通过数字化、科技性与人文性的方式传达出品牌文化理念。3D广告在市场上已经出现并取得了良好的效果，3D广告与3D打印技术必定是未来的一种发展趋势。

项目5　3D打印技术应用于创意领域

3D打印技术作为新工业革命下发展的一项新技术，在创意领域中发挥着越来越重要的作用，换句话说，3D打印技术为创意发展提供了更有力的工具和更为便捷的途径。3D打印技术这种新科技与创意的融合，变换出的不仅仅是一件件新的产品，更是实实在在的市场影响力。

项目目标

（1）了解3D打印技术应用于创意领域的优势；

（2）了解3D打印技术在创意验证、建筑设计制造和个人定制上的应用。

知识目标

（1）了解创意的概念；

（2）了解创意、建筑设计和个人定制上应用的3D打印工艺。

能力目标

（1）掌握3D打印工艺在创意上应用的基本原理；

（2）学会利用3D打印技术进行建筑设计制造；

（3）掌握3D打印工艺在满足个人定制上的应用。

任务5.1　3D打印技术应用于创意领域的优势

3D打印技术在创意领域有着较为良好的应用前景，有利于创意产业的发展，为此，首先需要了解3D打印技术应用于创意领域的优势，及其在创意领域的一些典型的应用。

5.1.1 创意可不用考虑可行性

所谓创意是指基于对现实存在事物的理解和认知，所衍生出的一种新的抽象思维和行为潜能。创意是对传统的突破或者叛逆，是打破常规的哲学，是思想碰撞、智慧对接，是具有新颖性和创造性的想法。

打破常规，在传统市场上来看，只是少数设计师的天赋，对于大多数普通人而言，是难以实现的。毕竟要突破传统和常规，除了有创意想法，还要考虑各方面的因素，如可行性、实用性、成本等等，如此才能在传统制造业的生产链上一步步前行，最终投入市场。随着 3D 打印技术的出现与应用，创造、改良成了每个人都可以做到的事情。只要有新的思想、创意，便可借助 3D 打印技术随时实现。

3D 打印设备只需要数字设计模型，不需要考虑其他的中间环节，就可以成形出需要的产品。从这个角度说，3D 打印技术的独特优势之一就是使创意不用考虑可行性，解除了创造中对思想的禁锢，成就了创作的新源泉。从一个创意到投入市场还有一段漫长的路程，3D 打印技术在其中搭起了快速实现的桥梁。特别是在网络普及化的今天，普通人更容易通过各种软件来设计自己的创意，通过各种手段、素材来表达自己的想法，这也大大地提高了人们的创作能力。通过网络，连接 3D 打印终端，可以快速实现从设计到实实在在的产品的过程。

5.1.2 快速、无限次修改

3D 打印技术在创意设计方面的可应用性非常强，服装设计、动漫设计、雕塑设计领域已经有了一些比较成熟的应用，可以实现创意的快速、无限次修改。

某些 3D 打印技术企业的实践表明，在创意应用方面，“生产时间缩短了，成本降低了，在同样的时间段和经费预算之下可以做更多的设计模型，用户的选择也多了。对企业来说，原来一年只能设计 10 个新产品让客户挑选，现在可以设计 100 个新产品”。

利用 3D 打印技术可以快速、便捷地打印出产品来，如果创意结构或者细节不符合预期想法，需要有所改动的话，只需要修改计算机软件上的数据模型，而且还可以快速制作出来观察效果，免去了传统方法所需要的大量时间、成本。在服装设计中，根据模特身材的不同，如身高、腰围、肩宽等，可以只修改一下计算机中的数据便可打印出适合各个模特穿着的服装。图 2-18 所示为 3D 打印制作的服装。

同样将 3D 打印技术应用到各个产品的生产创造中，通过快速、无限次的数据修改，可最终打造出理想中的物品。

图 2-18 3D 打印制作的服装

任务 5.2 3D 打印技术应用于创意方案的快速验证

任务描述

3D 打印技术可应用于创意方案的快速验证、评审等程序，本任务将从方案的可行性、实施实用性和安全性来阐述。

任务实施

5.2.1 方案可行性的快速验证

先行而制胜，是创意产业独占鳌头的重要准则之一。创意方案的可行性对产品的市场有一定的影响。3D 打印在创意方案的完善过程中，作为一个快速实体的制作工具，可以将方案中的实体快速呈现，加速方案的评审、验证等工作。全球著名的 3D 打印企业 Stratasys 的经验是:“3D 打印的真正目的是让好的想法和设计方案变成实实在在的东西,让大众可以感知,可以体验。”3D 打印技术缩短了产品呈现的时间,可更快速地获得新产品,加速判断创意方案的可行性。

5.2.2 方案实用性的快速验证

制造一款新产品,相比传统制造方法,3D 打印所用的成本和时间都大幅度减少,通过方案的可行性验证之后,便可大量生产投入市场。通过验证的新产品,可以用 3D 打印技术加快其生产过程的实施。如需要模具,则经过验证的 3D 数据模型可以直接用于制造模具;也可以使用 3D 打印的方法,加快模具制造,如用 3D 打印零件直接做铸造的木模去制造砂型。

5.2.3 方案安全性的快速验证

一个产品的安全性必须得到确认。这要通过大量实际产品进行安全项目测试来判断。3D 打印可以快速制造小批量创意产品,可以使用这些产品去进行安全验证,而不需要等待实际的产品制造出来后再进行安全认证。创意产品的安全认证有一定的风险,如果通不过,则必须进行改进。如果此时生产产品的设备和辅具都制造好了,就会造成浪费。

任务 5.3 3D 打印技术应用于建筑设计验证和制造

3D 打印技术在建筑设计验证和模型制造方面也有一定的应用,本任务将介绍 3D 打印技术在这些方面的具体进展。

5.3.1 建筑设计验证

3D 打印建筑和其他 3D 打印件不同的是,它需要一个巨型的三维成形机械,并且该成形机械挤出的是研制的特殊材料,其基本原理与其他 3D 打印设备一样,都是通过与计算机相连接，将设计蓝图变成实物。

3D打印建筑的原材料多是沙子和黏合剂，但黏合剂带有化学成分，时间一长容易发生化学变化。目前新的材料不断被研究出来，如用传统的沙和水泥材料，在其中添加特殊的黏结材料，这些材料挤出后可以快速凝固。

在建筑业，设计师们已经接受了用3D打印机打印的建筑模型。这种方法快速、环保、成本低，同时制作精美，完全符合设计者的要求，又能节省大量材料。

使用3D打印技术进行建筑设计模型的制作时，可以直接对建筑模型进行多种层面的操作，元素自动生成，无须再浪费时间进行提前制作。这样现场制作的好处是，可以现场进行任意修改，如针对出现的情况，现场施工人员可以和设计团队的成员直接进行沟通，随时修改设计。通过互联网，设计者可以利用计算机进行协同合作，3D图便成为最有效的沟通对象。图2-19所示为3D打印制作的建筑设计模型。

图2-19　3D打印制作的建筑设计模型

5.3.2　建筑物的打印

3D整体/现场打印建筑技术，与普通3D打印建筑技术的主要区别在于建造方法。目前全球范围内的建筑基本都是事先在工厂预置好，然后运送到施工现场进行拼装，人力物力耗费巨大。而3D现场/整体打印建筑技术的最大优势就在于可在施工现场完成打印，无须模板和拼装，节省了各项成本。

图2-20所示的是3D打印建筑物，图2-21所示的是3D打印的楼的内部结构。据建设单位介绍，与传统建筑行业相比，3D打印建筑不但建材质量可靠，而且可节约建筑材料30％～60％、缩短工期50％～70％、减少人工50％～80％。创新值得肯定，但3D打印建筑物能够像传统建筑物一样使用，还有很长的一段路要走。

图 2-20　3D 打印建筑物

图 2-21　3D 打印的楼的内部

5.3.3　别墅的 3D 打印

2015 年，某公司公布了已经成功利用 3D 打印技术建造出的建筑。这是一栋小别墅，尺寸为 10.5 m×12.5 m，高 3 m，面积大概有 130 m^2。这个别墅有两间卧室、一间客厅以及一间带按摩浴缸的房间（按摩浴缸也是 3D 打印而成）。据统计，完成所有结构的打印总共花了 100 h，但是打印过程并不是连续的。图 2-22 所示的是 3D 打印别墅的外景。

图2-22 3D打印别墅的外景

任务5.4 3D打印技术应用于个人制造

在人的个性化极度发展的当今时代，每个人都想与众不同，特别是年轻人更是特立独行。3D打印及其特性，使其在促进个人定制生产方面有巨大潜力。随着3D打印技术的发展，未来个人定制将变成大众市场。除此之外，对于3D打印本身，也可以开发属于个人的开源3D打印机，或相关低价位、预安装的硬件；将来也许可以从互联网上下载数据模型对象。总之，随着个人定制的新时代的到来，3D打印这个有力的工具也会得到大力的发展。

任务描述

了解3D打印技术在个人定制领域应用的实例。

任务实施

5.4.1 定制生活用品

3D打印技术在工业中已经比较常用，也在一步步地靠近老百姓的日常生活。随着研究人员和设计师的不懈努力、大胆创新，3D打印也能制造出我们日常生活中的生活用品，材料也不再局限于传统的ABS、树脂、金属等，出现了面粉、蛋糕材料等。人们可以亲手设计、打印日常生活需要的东西，如打印个性化手机基座、咖啡杯架、手机外壳等。下面介绍一些与我们生活密切相关的应用。

1. 3D 打印定制的衣服

图 2-23 所示的是 3D 打印制作的衣服。这种衣服可以根据个人的喜好和身体条件，由设计师专门设计，再用 3D 打印制作出来。目前这种衣服大多还只是在服装发布、展示会上展出，随着更多、更符合要求的材料的出现，3D 打印服装走入寻常人家的日子也越来越近。

图 2-23　3D 打印制作的衣服

2. 3D 打印定制的鞋子

图 2-24 所示的是 3D 打印制作的无影高跟鞋。这双鞋完全根据个人的喜好设计，由两种材料一次打印出来，可以日常穿着。

图 2-24　3D 打印制作的无影高跟鞋

3. 3D 打印定制的牙刷架

图 2-25 所示的是由设计爱好者设计并用 3D 打印制作出的牙刷架。这种牙刷架既满足了设计者个人的喜好，又能放置多个牙刷，还能保持牙刷干净、卫生。这样的生活用品，只要有台 3D 打印机，购买打印材料即可自己动手完成制作。

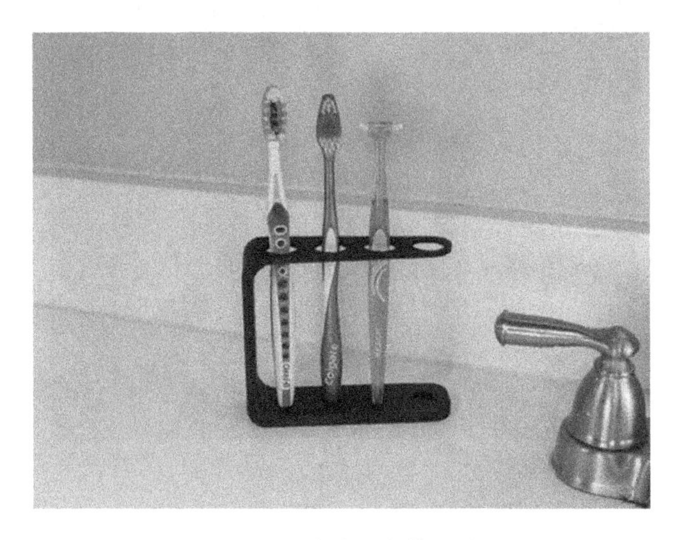

图 2-25　3D 打印制作的牙刷架

4. 3D 打印定制的特色食品

图 2-26 所示的是饼干 3D 打印机正在打印饼干的场景。这个 3D 打印机家庭可以接受，其打印材料完全可以根据用户的口感和喜好配制，图案可由用户自己设计或者从图库中挑选。目前，生日蛋糕也可以根据私人定制，把自己专门的祝福、图案，甚至人像打印到蛋糕上。这种产品已经在很多地方可以定制得到。

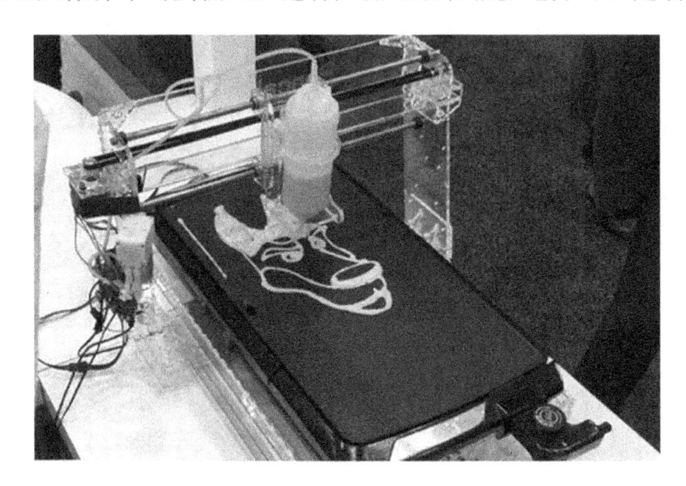

图 2-26　饼干 3D 打印机正在打印饼干

5. 3D 打印定制的台灯

图 2-27 所示的是 3D 打印制作的台灯架，接上电源线，安装好灯泡，就可以作为装饰和照明家具，安放在家庭中使用。

图 2-27　3D 打印制作的台灯架

5.4.2　定制耐用消费品——汽车

汽车，作为高档耐用消费品，也成了 3D 打印技术的用武之地，图 2-28 所示的是世界上首辆 3D 打印汽车。该车的车身由 FDM 方法成形，安装了传统汽车的动力系统、传动系统、行驶系统，可以正常行驶。最新 3D 打印汽车的行驶速度可超过100 km/h。

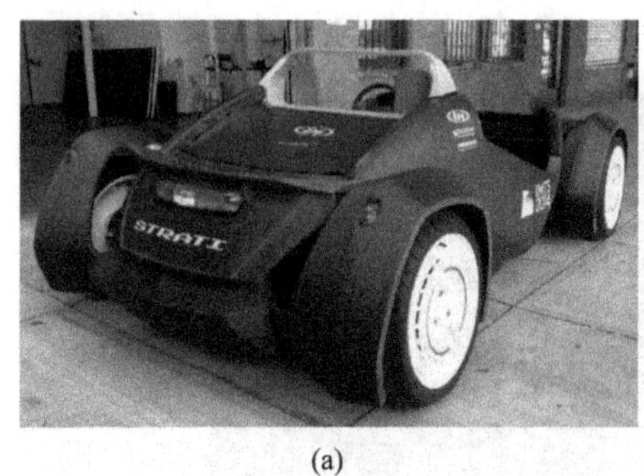

(a)

(b)

图 2-28　世界上首辆 3D 打印汽车

图 2-29 所示的是中国首款 3D 打印汽车，与世界首款 3D 打印汽车一样，仅仅是车身覆盖件通过 3D 打印制造，其余系统都是传统汽车的结构。

目前，3D 打印的汽车可以正常行驶，但仍然处于试验、验证阶段，相信能够普及千家万户的 3D 打印汽车会很快到来。

图 2-29　中国首款 3D 打印汽车

5.4.3　DIY 玩具

DIY 是英文“Do It Yourself”的缩写，可以译为“自己动手做”。DIY 原本是个名词短语，但在中文环境里除了当名词用之外，它往往是被当作形容词般使用，意指“自助的”，也可以理解为“亲历亲为”。

在我国，玩具主要是供儿童玩耍的用具，并被赋予了一定的教育、启发智能的功用。在《汉语新词词典》中，对 DIY 的解释是：指购买配件自己组装的方式。如果以 3D 打印的所有配件来代替购买配件，会碰撞出怎样的火花呢？这样既可以突破购买数量和配件规格的限制，解除思想的约束，又可以进一步锻炼儿童自己动手制作的能力。这又是一个新的商业契机，加上互联网，可以让人人都成为设计师兼制造者。

英国伦敦的某公司是一家生产可定制并具有游戏功能的“新型玩具和游戏公司”，他们开发的第一个产品是 MAKIES，客户可在网站上使用互动应用程序对其进行设计，根据需求选择它的性别、肤色、头型、眼睛、头发、服装等等，设计完成后即可通过 3D 打印使其变成现实玩偶。

图 2-30 所示的是学生自己改进设计的五角星图案，然后通过 3D 打印制作出来的实物。这样自己设计，然后通过 3D 打印制作出来的方法，可以释放学生的思维灵感和拓展他们的想象空间。

图 2-31 所示的是学生自己改进设计的鹰图像的零件，并通过 3D 打印制作出零件，然后组装出来的实物照片。

美国俄勒冈州比弗顿的 ThatsMyFace.com 网站，允许客户上传他们头部正面和侧面照片，从而生成全彩 3D 模型，通过 3D 打印的神奇魔力，可以将客户的头

图 2-30　3D 打印成形的五角星图案

图 2-31　学生自己改进设计的鹰并打印出来的实物照片

部照片制成模型，并安装到标准的 4、6 或 12 英寸的英雄人物身上。以上两家公司都是利用 3D 打印制造独特的玩具产品。

DIY 玩具便于父母和孩子交流自己的设计和修改，从而彻底抛弃玩具生产行业的传统制造厂商。迪士尼主题公园的 3D 扫描室，使用 3D 打印系统来创建定制化的迪士尼公主玩具，父母可以把女儿的脸放到贝尔(《美女与野兽》)或灰姑娘的礼服上。

图 2-32 所示的是学生设计的具有空球身体的小鸭，并用 3D 打印制作出来的玩具实物。

图 2-32　3D 打印制作的具有空球身体的小鸭玩具

图 2-33 所示的是迪士尼 3D 打印制作的软质玩具球，上面的图案可以选用自己所喜爱的。

图 2-33　迪士尼 3D 打印制作的软质玩具球

Elemental Path 公司在 Kickstarter 上推出了他们的首款智能产品 CogniToys——一只可爱的小恐龙。小恐龙是 3D 打印制作的，内部系统采用了 IBM 开发的人工智能 Waston，不仅可以实时聊天，而且在互动中，小恐龙也会慢慢塑造起自己的性格来，就像是真的在和小朋友共同成长。CogniToys 也具有“学习”功能，在和小朋友玩耍的过程中，CogniToys 能够记录下小朋友的各种个性化的喜好，比如喜欢的颜色、喜欢的玩具、感兴趣的东西等。

图 2-34 所示的是 CogniToys 3D 恐龙玩具。

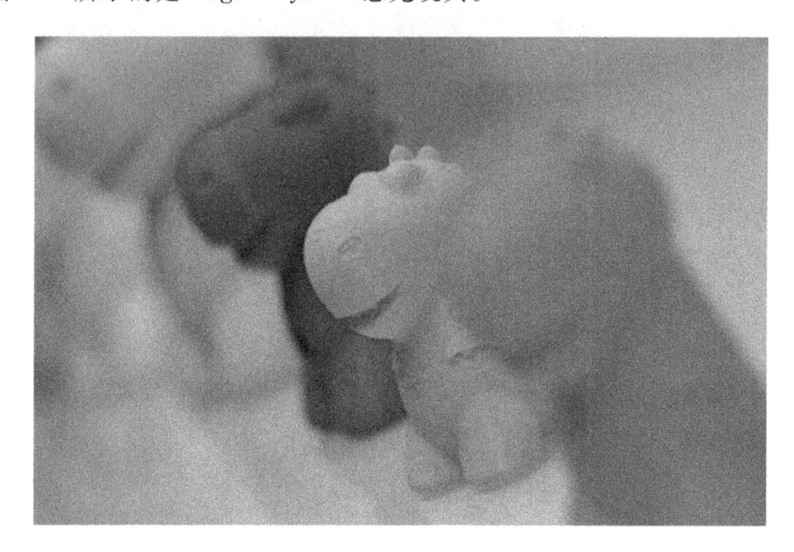

图 2-34　CogniToys 3D 恐龙玩具

图 2-35 所示的是国外小学生用苹果、土豆和胡萝卜设计并结合 3D 打印件制作的玩具。

图 2-35　用苹果、土豆和胡萝卜设计并结合 3D 打印件制作的玩具

项目6 3D打印技术应用于首饰设计与制造

3D打印技术已悄然进入各种行业,珠宝首饰行业也如此,3D打印技术越来越多地渗入该行业的制造技术中。3D打印,作为一种高效的快速原型制造技术,从20世纪90年代初进入首饰制造业,至今已成为首饰批量生产的重要手段之一。而这一技术的应用并不止于商业化生产,还在艺术设计领域得到了丰富和多样化的演绎,为艺术创作提供了自由发挥的广阔空间。首饰设计师们利用这一技术,通过计算机生成虚拟三维模型,然后打印出相应的实体。这种艺术创作方式,将抽象化数据转变为可以佩戴的造型实体。

越来越多的国际领先珠宝首饰企业开始使用三维计算机辅助软件CAD来设计珠宝首饰。采用三维设计软件来设计珠宝首饰已经成为全球最主要的行业潮流,并且有逐步替代传统工艺的趋势。我国作为珠宝首饰的产销大国,有部分先进的珠宝企业也已经开始采用三维设计的方法来设计珠宝首饰,以适应珠宝首饰产品的设计开发。

通过对首饰设计与制造相关技术的学习,学生能够掌握3D打印技术在该领域的应用。利用3D打印技术来推动首饰设计与制造的现代化,可进一步提高首饰设计与制造的质量。

项目目标

(1)了解3D打印技术在首饰设计与制造方面的优势;

(2)掌握3D打印技术应用于首饰行业的工艺流程。

知识目标

(1)了解并掌握首饰设计的相关基本概念、分类及影响因素;

(2)掌握首饰设计中虚拟模型的创建过程及后续的相关验证;

(3)熟悉并掌握基于3D打印技术的首饰制造工艺知识。

能力目标

(1)掌握首饰设计中虚拟模型的创建方法;

(2)通过学习学会将 3D 打印技术应用到首饰设计与制造中的技能。

任务 6.1　3D 打印技术应用于首饰设计与制造的优势

任务描述

在探索 3D 打印技术在首饰行业的应用之前，需要了解并掌握首饰设计的相关基本概念、分类、影响因素及首饰设计与制造的技术要求。通过与传统的制作工艺相比较，找出 3D 打印技术在首饰设计与制造方面所体现出的优势。

知识准备

1. 首饰及首饰设计的定义

首饰有狭义和广义之分，狭义的首饰，专指那些用贵重原料(金银、珠宝等)精制而成的、用于装饰的保值装饰品；广义的首饰，指的是那些由各种材料以各种方法制成的、用于美化人体各个部位的纯装饰品和实用装饰品。制作首饰所用的材料从天然到人造，范围十分广泛，常用的有金、银、铜、铁、钢、合金、玻璃、水晶、珊瑚、珍珠、贝壳、玛瑙、大理石、陶瓷、宝石、象牙、塑料、纤维、竹、木等。

首饰设计学是一门与几何学、艺术学、工艺美术学、经济学、心理学等多学科交叉的学科。首饰设计指的是把首饰的构思、造型以及材料与工艺要求，通过视觉的方式传达出来并实施制作或生产的活动过程，是首饰制造中的重要环节。首饰设计的核心内容包括三个方面：首饰设计构思的形成、首饰视觉传达过程(构思文案说明、三视图与效果图)、首饰设计的物化过程。

2. 首饰的分类

首饰分类的标准很多，但最主要的不外乎按材料、工艺手段、用途、装饰部位等来划分。

1)按材料分类

(1)金属

①贵金属。常用于首饰的贵金属如下：

黄金：足金、22K、18K、14K、10K、9K、8K；

铂：Pt999、Pt990、Pt950、Pt900、Pt850 等；

银:纯银、纹银(925)。

②常见金属。用于首饰的常见金属为:铁(多为不锈钢)、镍合金、铜及其合金、铝镁合金、锡合金等。

(2)非金属

①皮革、绳索、丝绢类;

②塑料、橡胶类;

③动物骨骼、贝壳类;

④木料、植物果实类;

⑤宝玉石及各种彩石类;

⑥玻璃、陶瓷类。

2)按工艺手段分类

(1)镶嵌类

①高档宝玉石类:钻石、翡翠、红蓝宝石、祖母绿、猫眼、珍珠;

②中档宝玉石类:海蓝宝石、碧玺、丹泉石、天然锆石、尖晶石等;

③低档宝玉石类:石榴石、黄玉、水晶、橄榄石、青金石、绿松石等。

(2)不镶嵌类

①足金:足黄金,足铂金;

②K金类。

3)按用途分类

(1)流行首饰

①大众流行:追求首饰的商品性;

②个性流行:追求首饰的艺术性和个性化。

(2)艺术首饰

①收藏:夸张,不宜佩戴,供收藏用;

②摆件:供摆设陈列之用;

③佩戴:倾向实用化的艺术造型首饰。

4)按装饰部位分类

①发饰:包括发卡、钗等;

②冠饰:冠、帽徽;

③耳饰:耳钉、耳环、耳线、耳坠;

④脸饰:包括鼻部在内的面部饰物(多见于印度饰物);

⑤颈饰:包括项链、项圈等;

⑥胸饰:吊坠、链牌、胸针、领带夹;

⑦手饰:包括戒指、手镯、手链、袖扣;

⑧腰饰:腰带、皮带头;

⑨脚饰:脚链、脚镯等。

3. 首饰设计的影响因素

(1)文化影响

文化影响其一是大文化,如面向国内市场的首饰设计,要充分考虑特定内涵的中国传统文化,盲目套用国外首饰的款式来直接推向国内市场是行不通的,实践检验结果亦是如此;其二是小文化,指中国不同地域中又分出的地域支系,比如广东文化与北京文化就有很大差别。

(2)消费对象

设计要考虑消费对象的因素。年龄、民族、所受文化教育,以及消费购买力都制约着市场,也制约着设计。

(3)珠宝首饰的生产工艺和技术能力

在首饰制造业的铸造环节中,长期使用手工起版的方法制作原模,需要消耗大量的工时,技术过硬的起版师更是千金难寻。此外,手工绘制的首饰设计图往往不会也不可能在所有部位标注精确尺寸。

(4)设计者自身修养

一个优秀的首饰设计师应该深入了解生产的工艺流程,具有较高的艺术修养,在生活中不断吸取各方面的知识,为设计创作提供灵感的源泉。此外,设计者还需要定期深入市场了解消费行情,懂得首饰的成本核算,并从消费者心理出发,设计出能满足消费者需求的首饰款式。

6.1.1 3D 打印技术应用于设计的优势

对于首饰而言,相比材料成本,设计本身的优势更明显,价值更高。定制商品的定价远高于批量生产产品。3D 打印技术的优点在于加快产品研发进度,可根据需求定制,符合珠宝行业的特点。

3D 打印作为一种低成本、操作便利的成形方式,利用 3D 打印技术,能够轻松设计造型并进行修改,也容易实现小批量制作,或提供私人定制。总之,3D 打印技术大大提高了设计工作效率。另外,设计人员不再受传统工艺和制造资源的约束,拓展了产品设计的创新创意空间。

在消费者越来越追求与众不同的今天，首饰设计也越来越趋向个性化、艺术化。很多首饰不仅仅只是一件金/银配件，而且是代表佩戴者个性、价值观、生活品位的象征物。首饰设计中越来越多地体现了单纯、自由的精神，要求作品不仅要有独立存在感，而且要有趣味性，使其佩戴起来有生命力。所以，设计师要根据顾客的需要制作出形象生动、风格各异的首饰作品。现在通过三维设计软件，可直观地绘制出复杂、生动、流畅的造型，然后通过3D打印技术快速制作出来。这是传统手工工艺很难做到的。

3D打印技术应用在首饰设计过程中，可便于设计师的修改。通过观察三维模型和渲染效果图，设计师或消费者可以预见首饰的效果，从而对首饰设计的偏差做出及时的判断和修改。如果通过3D打印制作出来进行评价，就使得直观评判成为可能，效果更好。

6.1.2 3D打印技术应用于制造的优势

大多数情况下，艺术首饰都是独一无二的，但也有例外。出于创作概念的需要，艺术家也会批量制作，这时，3D打印技术可以代替，或者介入传统的铸造工艺，实现快速制作。随着技术进步，打印材料的多样化与打印成本的降低，这一优势会越来越明显。著名的荷兰首饰设计师、艺术家Ted Noten使用3D打印为自己设计的戒指进行了批量制作。在他名为“Wanna swap your ring?”的交互式艺术项目中，有500枚粉红色猪造型戒指由3D打印制作，材料为玻璃填充的尼龙。这500枚名为“Miss piggy”的戒指被挂在展厅的墙上，并组成“手枪”的平面轮廓。猪和手枪的形象都是Noten的标志性设计语言。实际上这些打印的戒指是他一年前的设计(见图2-36)的翻版。3D打印低成本的优势无疑为这个项目提供了一个极佳的批量制作方案。

随着生活水平的提高和社会的进步，人们对个性化饰品的要求越来越高。传统加工方法要么只能加工普通的材料，比如尼龙、聚酯纤维等；要么能加工贵重金属，但是因为是“减材制造”，不仅浪费材料，而且工艺复杂，成本太高。

3D打印技术弥补了工匠所不能完成的复杂线条与镂空等“硬伤”。所有的石膏模与蜡模，只需设定好程序由3D打印机操作，精准度高，再复杂多变的造型也可以通过计算机的设定打印出来。增材制造技术设备的优势，主要体现在首饰的外形复杂度不再受到限制，完全可以根据消费者的需求进行定制化生产，不仅节约材料，而且节能环保。与传统手工工艺相比，细微结构的制作更加精良，更具有艺术美感。

传统的首饰加工以人工为主，首饰的精细与完美程度由加工师傅的技艺来决

图 2-36　猪造型戒指

定。而 3D 打印通过软件制作三维模型，连接打印机后按 1∶1 的比例输出，极大地提高了首饰的精确度。3D 打印首饰的内径、高度、厚度、侧边圆弧度等要求可直接取决于消费者个人的尺寸，使首饰更加符合消费者的个性化要求，更加贴合身体。

此外，传统的首饰制作，一般设计出的首饰作品要先制作模具或样品出来，否则很难估计出其完成效果。而通过三维设计软件加 3D 打印的方法，可以快速制作出各种设计原型来查看效果，进行评审，省去了制作模具和样品的费用。同时，由于工作效率和制作精度的提高，降低了返工率，从而降低了制作成本。图 2-37 所示的是利用 3D 打印技术辅助制作的黄金金鱼饰品，图 2-38 所示的是 3D 打印技术辅助制作的黄金戒指。

图 2-37　用 3D 打印技术辅助制作的黄金金鱼饰品

图 2-38　用 3D 打印技术辅助制作的黄金戒指

任务 6.2　3D 打印技术应用于首饰设计的快速验证

首饰的设计完成后，需要进行审查、评估，如果仅仅从设计图纸和数据模型上观看，不够直观，效果难以尽如人意。因此，如果能快速、经济地把设计实物呈现出来，那么验证效果会有很大的提高。下面介绍 3D 打印技术在首饰验证中的应用。

1. 概念设计的含义

概念设计是由分析用户需求到生成概念产品的一系列有序的、可组织的、有目标的设计活动，它表现为一个由粗到精、由模糊到清晰、由抽象到具体的不断进化的过程。概念设计即是利用设计概念并以其为主线贯穿全部设计过程的设计方法。它通过设计概念将设计者繁复的感性和瞬间思维上升到统一的理性思维从而完成整个设计。

2. 虚拟设计的含义及功能

虚拟设计技术是由多学科先进知识形成的综合系统技术，其本质是以计算机支持的仿真技术为前提，在产品设计阶段，实时地、并行地模拟出产品开发全过程及其对产品设计的影响，预测产品性能、产品制造成本、产品的可制造性、产品的可维护性和可拆卸性等，从而提高产品设计的一次成功率。

虚拟设计可对产品的造型设计、色彩设计、功能设计、功能显示、性能检验等设计环节实现虚拟化，是一种以数字信息代替实物产品的设计方式。它也有利于更有效更经济灵活地组织制造生产，以使产品的开发周期及成本最小、产品设计质量最优、生产效率最高。

6.2.1 概念化首饰设计

20世纪以来，对于珠宝首饰的设计不再限于贵金属，而是开始使用多种材料，并开始了概念化首饰设计。这种设计一方面突破了单一的金属材料的限制，同时也放开了对设计主题的设计限制。现代概念艺术首饰被称作“身体雕塑”“佩戴的雕塑”，比商业首饰更能体现设计师的个人理念与思想。它与设计师的价值观紧密联系，传递设计师本身的文化内涵与情绪。

图2-39所示的是三菱公司麾下的一家手机制造商TRIUM公司的概念首饰产品。这一套包括手镯、耳机、微型计算机、指示笔等在内的概念装置，充分体现了TRIUM公司所展示的整组穿戴式通信产品极具感性的一面。在材质上，设计师们大胆地采用了铜、玻璃、橡胶等材料进行组合搭配。从外观上看，这套概念产品充满了现代感和创新性，同时也具备古典派所崇尚的精致与典雅；而在功能上，它们又汇集了尖端的技术，如其中那枚手镯的表面即可显示时间及信息，同时它也是一个带有微型摄像头的通信装置。通过蓝牙技术，可以将手镯与配套的微型计算机连接起来，该计算机就类似于一个服务器，可用于接收和传送信息资料。

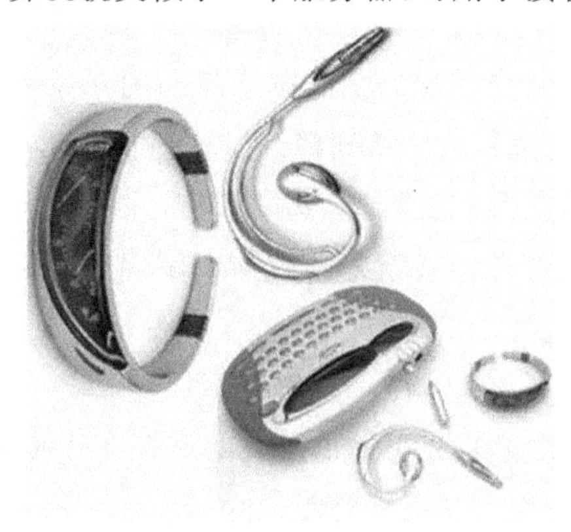

图2-39　概念首饰产品

6.2.2 创建虚拟模型

目前建立虚拟三维模型主要有两种方式，一是使用编程的方法直接生成三维模型，常用的设计语言有VRML、JAVA3D、OpenGL等。用上述三种编程语言建立三维模型，都要编写大量非常繁杂的程序，对于没有程序语言基础的从事艺术工作的设计师来说，用这些方法建模都不合适。二是使用3dsMax、MAYA、SOFTIMAGE等三维设计软件。

由美国AutoDesk公司出品的3dsMax软件，以其强大的三维造型及动画制作功能，在各设计领域被广泛使用。它不仅拥有出色的材质贴图控制能力、相对快速高效的建模功能以及处理各种空间扭曲和变形的工具，而且还能输出WRL、C3D、ASE、OBJ等格式文件，与主流VR软件间有良好的兼容性。

在三维虚拟模型设计阶段的主要步骤如下：在首饰创意构思方案基础上，用3dsMax软件创建首饰三维虚拟模型，并设置一定的材质贴图，通过安装Cult3D Exporter for 3dsmax插件，将制作的模型输出成可供Cult3D Designer使用的“*.c3d”格式文件，完成虚拟模型的发布。

设计师们使用3dsMax软件进行首饰虚拟模型设计，实现了首饰设计过程的电子化、虚拟化。通过Cult3D虚拟现实平台可完成对首饰虚拟模型交互功能的设计与实现，可用Photoshop软件设计首饰虚拟展示系统界面，最后在Dreamweaver软件中完成首饰虚拟展示系统的整合与发布。顾客可以通过设计师设计的三维虚拟模型来直观了解首饰设计方案，无须具备较强的读取专业图纸的能力。这样在设计过程中各方面的意见能顺畅交换，从而快速产生对方案的共识。

此外，虚拟设计的设计模型在精准性上有很大的优势，因此，对于采用昂贵原材料的首饰产品的设计及加工而言，虚拟现实技术的应用尤为必要。

首饰虚拟设计这种新型的设计手段最大的特点就是从根本上改变了传统上复杂、反复、封闭的设计与生产模式，具有直观、高效、快速成形和分布合作等特征。首饰设计者可利用虚拟环境进行设计、制造和分析；加工人员可对设计师设计出的虚拟模型进行仿真加工和工艺评价；客户通过直观的设计过程可以提出个性化定制方案；企业可根据首饰虚拟设计系统的反馈做出前瞻性的决策和优化方案，更灵活有效地组织加工与生产，给企业带来更多的商机。

在完成首饰的虚拟建模的基础上，虚拟现实技术支持实时渲染。在设计的过程中，可邀请客户直接参与体验设计师设计的首饰虚拟模型，设计师结合客户提出的修改建议又可以对虚拟模型进行实时修改，从而达到从设计到市场的顺畅沟通。这样大大降低了新品推广销售的风险，提高了设计成功率，可为企业降低风险，减少不必要的损失。

将虚拟现实技术应用到首饰设计中，设计师、生产部门、客户等都可以对首饰虚拟模型的造型美观程度、结构合理程度、工艺可行性等进行反复分析检查，以及早地发现并解决其中的问题，从而提高设计效率、缩短首饰设计周期。

6.2.3　首饰设计的快速验证

将虚拟现实技术应用到首饰设计中，首饰的设计完成后，可以通过虚拟模型进行审查、评估，但是模拟总是和现实有一定的差距，仅仅从虚拟模型上观看，效果不太好。应用 3D 打印技术，能快速、经济地把设计模型的实物制作出来，使验证效果得到很大的提高。

首饰的制造成本高，如果经过上述评审就投入生产，产品是否受市场的欢迎还是未知数，风险较高。3D 打印技术用于首饰设计的验证，主要是把设计的数据模型通过一定的手段传递到 3D 打印设备上，成形出设计原型，并对原型进行一些处理，然后进行评审、验证。这样直接面对接近成品的验证模型，评审的效果很有效。根据评审意见，可直接修改数据模型，然后再重复制作、评审的过程，直到完全满意为止。

借助 3D 打印技术验证设计模型，不但直观、速度快，而且不受地理条件的限制。通过网络，可以在有条件的地方快速制作出实体模型。

任务 6.3　3D 打印技术应用于首饰制造

明确 3D 打印的概念和技术分类以及 3D 打印技术与传统方法相比具有的独特优越性，并进一步了解和掌握 3D 打印技术在首饰制作过程中的应用。

1. 3D 打印的概念

3D 打印技术属于快速成形技术的一种，它是以一种数字模型文件为基础，运用特殊可黏合材料，通过逐层堆叠累积的方式来构造物体的技术（即积层造型法)。过去3D打印技术常在模具制造、工业设计等领域被用于制造模型,现在正逐渐普及于一些产品的直接制造。

2. CNC数控雕刻机

小型的CNC数控雕刻机也逐渐应用于首饰行业的快速成形,它也是小型企业考虑自制模具时的首选。该设备既可用于树脂、塑料、蜡型材加工,也可直接加工金属材料,且擅长加工各种异形构造面,可加工非常复杂的立体轮廓和纹理。该设备还能在各种平面材质上进行切割、二维雕刻和三维雕刻。

3. 3D打印技术的特点

3D打印的过程是首先生成一个产品的三维CAD实体模型或曲面模型文件,然后将其转换成特定的文件格式,再用相应的软件从文件中"切"出设定厚度的一系列片层,或者直接从CAD文件切出一系列的片层。这些片层按次序累积起来仍是所设计零件的形状。然后,将上述每一片层的资料传到快速自动成形机中去,用材料添加法并以激光为加热源,依次将每一层烧结或熔结并同时黏结各层,直到完成整个零件。成形材料为各种可烧结粉末,如石蜡、塑料、低熔点金属粉末或它们的混合粉末。

3D打印技术与传统方法相比具有独特的优越性,其特点如下。

①方便了设计过程和制造过程的集成,整个生产过程数字化,与CAD模型具有直接的关联性;零件所见即所得,可随时修改、随时制造,缓解了复杂结构零件在CAD/CAM过程中CAPP的瓶颈问题。

②可加工传统方法难以加工的零件,如梯度材质零件、多材质零件等,有利于新材料的应用。

③制造复杂零件毛坯模具的周期和成本大大降低,用工程材料直接成形机械零件时,不再需要设计制造毛坯成形模具。

④实现了毛坯的近净成形,机械加工余量大大减小,避免了材料的浪费,降低了能源的消耗,有利于环保和可持续发展。

6.3.1 首饰的制造工艺

金银首饰的制造工艺既有中国传统的制造工艺,如花丝工艺、烧蓝工艺、錾花工艺、点翠工艺、打胎工艺、蒙镶工艺、平填工艺等,还有现代机械加工工艺,如浇铸工艺、冲压工艺、电铸工艺等。下面进行简单介绍。

1. 花丝工艺

花丝工艺是将金银加工成丝，再经盘曲、掐花、填丝、堆垒等手段制作金银首饰的细金工艺。根据装饰部位的不同可制成不同纹样的花丝、拱丝、竹节丝、麦穗丝等，制作方法可分掐、填、攒、焊、堆、垒、织、编等。

①掐丝就是将用花丝制成的刻槽掐制成梅花、牡丹花、飞鸟、龙凤、亭台楼阁等各种纹样。

②填丝是将撮好扎扁的花丝填在设计轮廓内。常用的种类有填拱丝、填花瓣等。

③攒焊是将制成的纹样拼在一起，通过焊接组成完整首饰的工艺过程。

④堆垒是用堆炭灰的方法将码丝在炭灰形上绕匀，垒出各种形状，并用小筛将药粉筛匀、焊好的过程。

⑤织编是将金银丝编织成边缘纹样和不同形体的底纹，在底纹上再粘以用各种工艺方法制成的不同花形纹样，通过焊接完成。

2. 錾花工艺

錾花工艺是一种用錾刀在贵金属表面用手工一锤一锤打造纹饰的工艺，纹饰可深可浅，凹凸起伏，光糙不一。錾花工艺通常使用钢制的各种形状的錾子，用小锤将钢錾花纹锤在过火后的条块状金银的表面。錾花工艺用錾、抢等方法雕刻图案花纹，这些图案花纹有深有浅，富有艺术感染力。

3. 烧蓝工艺

烧蓝工艺又称点蓝工艺，与点翠工艺相似，都是景泰蓝工艺。烧蓝工艺不是一种独立的工种，而是作为首饰的辅助工种以点缀、装饰、增加色彩美而出现在首饰行业的。

4. 镶嵌工艺

镶嵌工艺又称实镶工艺，以锤、锯、钳、锉、削为主，是将一块金经过锤打锻制，锯制成部分纹样，锉光焊接成一个整体的过程。加工程序如下：

(1)制作零部件

通过锯割方法、插花方法、翻卷方法、锉削方法等将经过多次过火的黄金原料制成具有一定图案的零部件。

(2)焊接

将制作好的各种零部件按照图纸的设计要求严丝合缝地拼攒在一起，用焊药焊接起来制成首饰的主形体。

(3)鉴定质量

制作好的首饰主形体由检验人员进行质量检查，分析成色后打上印鉴，并附上质量鉴定标签。

(4)抛光

制作好的首饰主形体通过玛瑙刀、酸洗、抛光机等进行抛光。

(5)镶嵌宝石

将宝石固定在首饰主形体上，常见的镶嵌方法有爪镶、包镶、迫镶、起钉镶、混镶等。

爪镶适合于镶嵌颗粒较大的刻面主石，这种镶法空心无底，透光明显，用金量小，加工方便，对宝石的大小要求不十分严格，但因焊口位较大，所以设计时最好另加衬托物遮盖其焊口位。爪镶包括二爪、三爪、四爪和六爪，镶嵌方便，但与包镶相比不太牢固。图2-40所示的就是采用爪镶工艺制造的饰品。

图2-40　采用爪镶工艺制造的饰品

包镶抓石牢固，适合难于抓牢的凸面石或随形石，包括全包镶和半包镶。包镶要求石形与镶口非常吻合，且难于修改。

迫镶和起钉镶主要用于小石的镶嵌，迫镶多用于小方石的群镶，而起钉镶则主要用于小圆石的群镶，包括马眼钉、梅花钉等。

将不同镶嵌方式结合用于同一件首饰上，称之为混镶，这种镶法可以将大石与小石谐调地组合起来，并可以灵活地处理好高低位及各种弯度。

(6)再抛光

将镶嵌好的首饰进行再一次抛光。

5. 浇铸工艺

浇铸工艺是用铸造机进行首饰的成批生产的方法。该方法具有提高工效、降低成本的优点。加工程序如下：

①根据首饰设计样本制成橡胶模具；

②用橡胶模具通过注蜡制成蜡模具；

③将蜡模具种成蜡树；

④将放有蜡树的筒注入石膏，制成石膏模具；

⑤将石膏模具放入烘炉内烘干，并加热至石膏模具脱蜡；

⑥将呈熔融状态的金注入石膏模具中；

⑦清洗掉石膏，然后进行抛光、镶嵌等程序。

6. 冲压工艺

冲压工艺也称模冲、压花，是一种浮雕图案制造工艺。其步骤为：先根据一个母模制出一个模子，然后通过压力在金属上制出浮雕图案。冲压工艺流程为：压印图案、成形（弯曲）、将各部分连接起来（通常用焊料）。

冲压工艺适用于底面凹凸的饰品，如小的锁片，或者起伏不明显、容易分两步或多步冲压成形或组合的物品，另外极薄的部件和需要精致的细部图案的首饰也需要用冲压工艺加工。

7. 电铸工艺

电铸工艺属现代技术，其原理与电镀相同。在铸液中，阴模为铸件，表面活化处理后有导电层，接通电流，在电场中电泳使金逐渐沉积在阴模的铸件上，达到一定厚度即可取出。然后打磨焊接，进行表面处理，即成为一件漂亮的电铸首饰。

8. 表面处理工艺

除了传统的抛光和电镀之外，现代表面处理工艺增加了磨砂、定砂、喷砂等工艺。通过这种工艺处理后，首饰表面色泽更加光亮。

6.3.2 3D 打印直接成形首饰

利用 3D 打印技术，把设计、评审、验证通过的设计方案输入 3D 打印设备中，可直接成形出 3D 打印首饰。这种方法目前使用两种材料：一种是高分子材料，一种是金属材料。

1. 高分子材料直接成形的首饰

图 2-41 所示的是 3D 打印制作的高分子材料项链。这是一条整体项链，其结构非常复杂，是使用 SLS 方法一次直接成形出来的。“打印”完成后，需要对打印的模型进行后处理，例如固化处理、剥离、模型的修正等，才能得到所需要的模型。该模型可以直接当作首饰佩戴。图 2-42 所示的是直接通过 3D 打印制作的高分子材料手链。

2. 金属材料直接成形的首饰

使用大功率的 SLS 设备，可直接烧结金属粉末成形金属零件。利用 3D 打印技术，经过适当的表面处理，就可以直接制作出贵金属首饰。这不仅仅可以缩短时间，最主要的是提高了设计师的设计自由度。设计师可以不用考虑加工工艺，自由发挥自己的创意。

图 2-43 所示的是 3D 打印制作的金属手链，其金属环没有开口，是一体的。

图 2-41　3D 打印制作的高分子材料项链

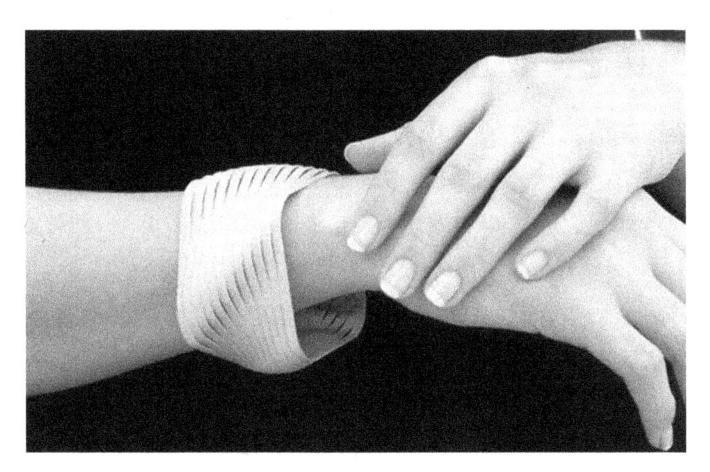

图 2-42　3D 打印制作的高分子材料手链

图 2-43　3D 打印制作的金属手链

当然，目前由于技术不够成熟，成形材料少，制作成本过高等原因，暂时还难以大量用 3D 打印直接制作贵金属首饰。

直接用 3D 打印制作首饰，无论是在精度还是在设计的自由度上都能达到相关要求。使用 3D 打印技术，珠宝商、设计师和制造商可以设计制造出传统方法无法完成的复杂形状的首饰。

金属直接打印相对于传统失蜡铸造的优势越来越明显。SLM 工艺可以制造出几乎任何几何形状的对象，这也意味着有些产品只能使用 3D 打印机来制造。3D 打印黄金制品的最大特点就是立体感强，金饰边缘的凸出部分一般显高亮度色。新一代 3D 打印技术在不同位置采用不同工艺，有的抛光，有的磨砂，形成明暗对比，色彩的分层更为清晰，立体感更强，质感也有了区分，摸上去有的地方光滑细腻，有的地方带着轻微的磨砂感，手感丰富。

3D 打印技术的应用让珠宝设计师受益最大。3D 打印快速成形技术在创意产业越来越显示出其他制造方式无法比拟的优势。

6.3.3 铸造模型工艺

传统的金银首饰制作主要采用失蜡铸造工艺，其具体的工艺流程是：压制胶模→开胶模→注蜡（模）→修整蜡模（焊蜡模）→种蜡树（称重）→灌石膏筒→石膏抽真空→石膏自然凝固→烘焙石膏→熔金、浇铸→炸洗石膏→冲洗、酸洗、清洗→剪毛坯→执模。

失蜡浇铸需要蜡版，而蜡版的批量制作则需要用银版压制的橡胶模。所制银版要求各部分结构合理，表面、镂空部位和背面光洁无痕，镶嵌宝石的位置尺寸准确无误，有些还要求对镶嵌部位进行预加工。总之，制作银版是首饰制作工艺中要求最高的工序。准备好银版后就可以进入失蜡浇铸工艺流程。

目前使用的制版工艺主要有：手工雕蜡版、电脑雕蜡版和手造银版。三种工艺各有优点，相互补充。

蜡模成为制版贵金属首饰的关键工艺，要求制作师傅有极高的水平。前面已经介绍过，用 3D 打印可以制作失蜡模，不过制作首饰用的失蜡模体积小，精度要求极高，以表现首饰上精美的式样和图案。

图 2-44 所示的是一款专用于首饰蜡模制作的打印机，属于 FDM 原理，其成形材料是特制的蜡材。以蜡为成形材料，将设计、评审通过的首饰三维模型输入该设备，可以直接成形出蜡质的模型。该设备的打印层厚可为 0.01 mm，所以成形出的蜡模精度很高，再经过适当的表面处理，就可以直接进行失蜡模铸造，制作贵金属首饰。

图 2-45 所示的是用图 2-44 所示的 3D 打印设备成形出的戒指蜡模型。该戒指较为细小、精致，结构也比较复杂，蜡模型把这些精细结构都表现了出来。图 2-46 所示的是用 3D 打印成形出的蜡模型和用该模型铸造出的白金戒指。

图 2-44　专用于首饰蜡模制作的打印机

图 2-45　3D 打印成形出的戒指蜡模型

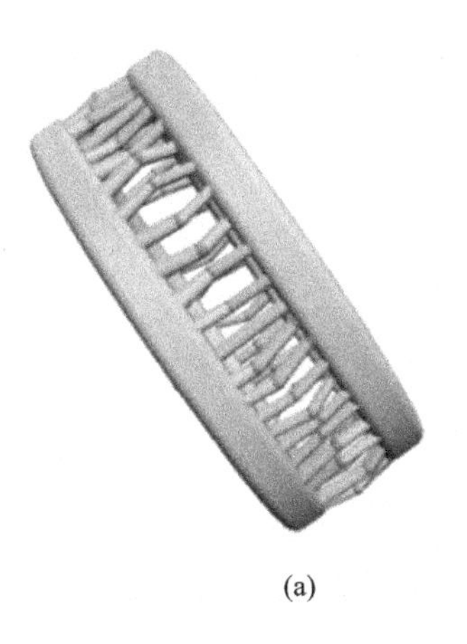

(a)

(b)

图 2-46　3D 打印成形出的蜡模型(a)和用该模型铸造出的白金戒指(b)

项目 7　3D 打印技术应用于医疗、生物领域

3D 打印技术可以快速、高精度地成形出完全个性化的产品，这特别适合应用于完全个性化的人体组织。目前，3D 打印技术在组织再生工程、口腔牙齿、人体骨骼、药物传输等领域展开了研究；3D 打印技术在人工假体和植入体的个性化制造、组织工程支架制造方面很快进入了产业化应用。总体来说，3D 打印技术在医疗、生物领域展现出光明前景，是生物医学领域的研究热点。有人甚至估计，未来在这一领域中 3D 打印技术的应用，将会占据整个 3D 打印市场的三分之一，甚至二分之一。

随着非侵入诊断技术如 CT、MIR 等的发展，我们可以较容易地获得人体相关组织和构造的二维断层扫描图像，将其数据构建为三维数据模型，然后转化为 3D 打印系统通用的数据输入格式，可为 3D 打印技术精确复制生物体提供支持。随着科技的进步，人们已尝试将生物活性因子、组织细胞等作为 3D 打印材料来成形生物器官。

通过对生物医学相关知识的学习，学生能够掌握 3D 打印技术在该领域应用方面的优势及相关的应用技术，以期利用 3D 打印技术来改善医疗技术水平。

项目目标

(1)了解 3D 打印技术在医疗、生物领域中的优势；

(2)学习并掌握 3D 打印技术在医疗、生物领域中的应用。

知识目标

(1)认识生物 3D 打印的类别和相应特点；

(2)了解 3D 打印技术应用于医疗行业的具体案例；

(3)熟悉并掌握 3D 打印技术应用于医疗行业的优势。

能力目标

(1)了解有关医药、生物 3D 打印的概念和知识；

(2)掌握 3D 打印技术在医学、生物领域潜在应用的持续；

(3)掌握 3D 打印技术对医学、医疗行业起到的推进作用。

任务 7.1　3D 打印技术应用于医疗、生物领域的优势

3D 打印技术具有传统制造技术没有的技术特点，在医疗领域有着独特的优势，并具有广阔的发展前景。了解 3D 打印技术在医疗、生物上应用的优势，抓紧时机促进应用是当务之急。

1. 3D 打印技术在医疗、生物上应用的步骤

3D 打印机的工作流程分为三个步骤：

第一步为图像获取。以医学为例，随着当今医学影像技术的发展，屏住数秒呼吸即可获得高分辨率和对比度的医学影像。CT、MRI、超声波和正电子发射断层显像等医学影像手段均可作为获取数据的方法，但因 CT 数据处理相对简单，所以最为常用。

第二步为图像后处理。获取的影像数据通常储存为医学数字影像格式，需在工作站进行数据后处理。工作站可实现目标物体 3D 切分和可视化，使用 CAD 模型最终输出至 3D 打印设备。

第三步为 3D 打印。用 3D 打印制作出人体实体，即将 CAD 数据转化为三维实际物体。

2. 3D 医疗、生物打印机的种类和特点

3D 生物打印机根据其工作原理可分为三类，分别为：喷墨式生物打印（inkjet bioprinting）、微挤压成形生物打印（microextrusion bioprinting）和激光辅助生物打印（laser-assisted bioprinting）。这三类打印机在打印再生组织和器官上各有优缺点。

（1）喷墨式生物打印

喷墨式生物打印是由 2D 打印机改造而来，用生物材料代替油墨作为打印原料，以电控升降平台控制喷头升降，从而打出立体三维结构的构造。喷墨式打印机的原理是依靠热或声波使得液滴滴落而成形。

热喷墨打印机运行是依靠电加热打印头，产生压力脉冲而使液滴离开喷嘴。其显著优点是打印速度快、成本低、应用广泛。但是其打印过程中会使得细胞和生物材料承受热和机械应力，并且其喷头易被堵塞、液滴方向性不明显、液滴大小不均匀，这些都限制了其在生物打印方面的发展。声控喷墨打印机利用声辐射力量与超声波场把液滴从气液界面喷射出，可通过控制超声参数以控制液滴的大小与滴出速率。其优点是避免了热与压力对生物材料的影响，同时可控制液滴的大小，并避免了喷口堵塞。但是，该技术对所打印的材料黏度有一定的限制，即材料的黏度要小于 10 cP。喷墨式生物打印的一个共同缺点是生物材料必须以液态形式存在，这样才能形成液滴。同时，由于喷墨打印的方式是通过材料直接堆砌而成形，所以要求所打印对象的三维数据结构必须已知而且清晰。图 2-47 所示的是喷墨式生物打印机。

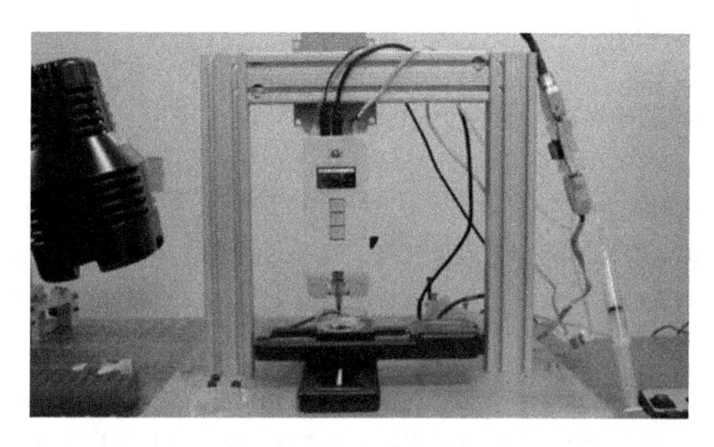

图 2-47　喷墨式生物打印机

(2)微挤压成形生物打印

微挤压成形生物打印机的工作原理是，将热熔性材料通过加热器熔化，把材料先抽成丝状，然后通过送丝机构送进热熔喷头，丝状材料在喷头内被加热熔化，喷头沿零件截面轮廓和填充轨迹运动，同时将半流动状态的材料按 CAD 分层数据控制的路径，挤出并沉积在指定的位置凝固成形，并与周围的材料黏结，层层堆积成形。微挤压成形生物打印机的价格较喷墨式打印机更贵，但是其打印的准确性更高并且拥有更加出色的分辨率和速度，其空间的可控性以及在可打印的材料上亦具有更多的灵活性。该技术应用于打印活体组织的主要缺点是，打印出的组织中细胞存活率低。这一缺点在一定程度上限制了该技术在再生医学组织构建上的应用。图 2-48 所示的是生物 3D 打印机-微喷自由成形系统。

(3)激光辅助生物打印

激光辅助生物打印机(LAB)的工作原理是在玻璃板吸收层上用激光聚焦脉

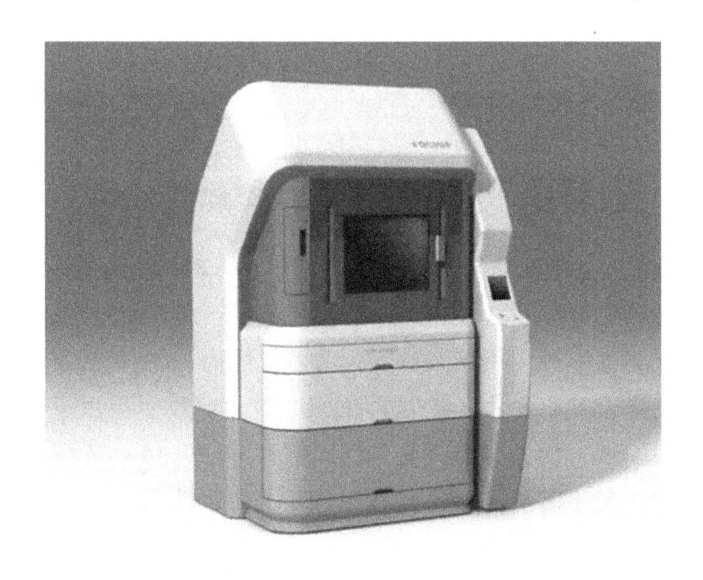

图 2-48　生物 3D 打印机-微喷自由成形系统

冲产生一个高压液泡，将带有细胞的材料推到接收基体上。LAB 的优点是，喷头为开放式的，故其不存在喷头堵塞的问题，同时其对细胞的伤害小，细胞的存活率可达 95%以上。但是 LAB 打印各类型细胞混合材料的难度大，而且价格更高，这亦一定程度上限制了它在实际临床中的应用。图 2-49 所示的是 3D 激光辅助生物打印机。

图 2-49　3D 激光辅助生物打印机

任务实施

7.1.1　3D 打印技术应用于医疗领域的优势

3D 打印技术应用于医疗领域，是 3D 打印技术与现代先进的医疗技术交叉的新技术。3D 打印技术可用于制造人体器官（骨骼、心脏等）和种植体（如关节等）的模型，医生无须通过开刀就可观看病人的器官结构，判断是否有组织病变及病变程度，为其病情诊断和手术方案提供帮助。3D 打印技术应用于体外模型和医疗器械的制造中，成形的人体组织无须植入体内，所用材料也不需要考虑生物相容性等问题，体外医疗模型一般也只考虑所用材料的力学、理化和色彩等性能。目前这类应用较为成熟和普遍，正在为人们的健康服务。

根据患者特定的器官形状，3D 打印技术可制造人工植入体、组织器官和医疗器具。如用 3D 打印制作的髋关节骨架置换人体组织已经比较普遍，我国已经越来越多地使用 3D 打印技术制造义齿，且已经形成了产业。3D 打印还可以制作胸腔、盆腔、假肢、血管等。

3D 打印在医疗，特别是打印骨骼方面具有以下优势。

（1）打印骨骼的形状无限制

人体骨骼中形状最怪异的要数寰枢椎，即颈椎第一节和第二节，它根本没有正常的几何形状。寰枢椎位于颅颈交界区，是连接生命中枢的要塞，被视为“手术的禁区”，是脊柱骨科手术中风险最高的部位。如果医生要将患者这里的骨肿瘤切除，为了支撑和固定，就需用一个植入体来填充。传统的处理方法是在切除骨骼的部位放入一个钛网，然后从患者身体其他部位取出部分骨头填充进去，再用钢板和钢钉固定住，然后让它慢慢生长。但通过长期临床观察发现，这种填充方法植入的骨骼与周边骨骼融合的时间很长，而且在生长的过程中容易出现金属塌陷等问题。有了 3D 打印技术，医生就可以直接打印出同一形状、体积的植入体，填充到缺损部位，上下用螺钉固定，非常牢固。

（2）融合度高

打印出的植入体带有可供骨头长入的孔隙，它们像海绵一样可以将周边的骨头吸引进来，使真骨与假骨之间结成牢固的一体，有助于缩短患者的恢复期。

（3）强度与保质期俱佳

打印骨骼在强度和保质期方面都不错。打印骨骼的强度没有问题，几十年的临床实践已证实钛合金植入体可以与人体组织长期和平共处。

(4)速度快

不管是直接制造植入人体的组织，还是制作病体器官的模型，3D 打印制作的速度都较快，一般数小时即可成形。

3D 打印制作的人工植入体、组织器官和医疗器具，不仅制作形状和尺寸可完全符合人体原结构，制作周期短，而且制作成本也能够被接受。如图 2-50 所示为采用 3D 打印技术制作的假肢，与传统方法制作的假肢相比，通过 3D 打印技术制作的假肢操作更加灵巧，制作更为快捷经济。

图 2-50　3D 打印技术制作的假肢

医学上根据 CT 或 MRI 的数据，应用 3D 打印技术还可以快速精确地制造人体的骨骼和软组织等器官模型，从而帮助医生进行病情诊断、术前讨论和确定治疗方案。3D 打印技术具有加工形状的高度灵活性、可打印材料的多样性和成形过程的精确可控性等优点，可以很容易地实现多种材料和局部微细结构的精确成形。图 2-51 所示的是 3D 生物打印成形的人体骨骼。

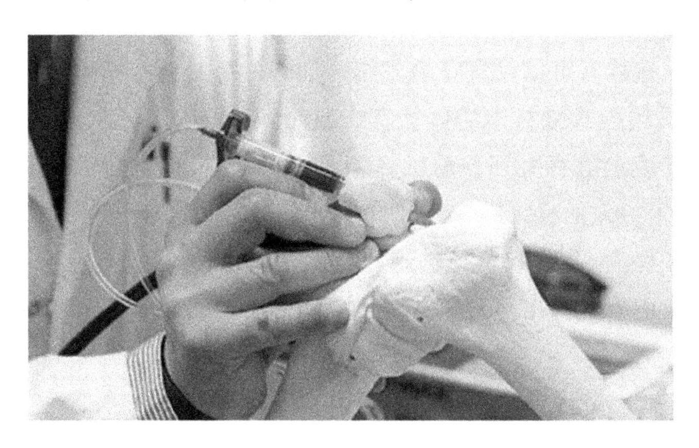

图 2-51　3D 生物打印成形的人体骨骼

3D 打印技术广泛应用于临床医学，由于其操作便捷、模型结构精确等特点，目前已在骨科领域广泛应用，且 3D 打印技术的临床效益显著。术前在实物模型上模拟手术操作，能及时发现手术设计上的缺陷与不足，以便做出调整，提高手术的安全性；术前在模型上确定最佳的进钉点、螺钉的长度及直径，可减少术中出血量和缩短手术时间。通过实物模型可以更好地与患者及家属沟通，有助于解释和交流病情。三维脊椎模型可以很好地显示复杂病变脊椎的解剖形态，提高疾病诊断率。

3D 打印技术在医疗行业有着广泛的应用前景。美国密歇根州有一个两个月大的婴儿，因患气管支气管软化，导致气管坍塌，氧气无法顺畅地进入肺部，随时面临窒息。手术前，该婴儿只能依靠插入气管维持通气。在征得婴儿父母以及相关机构允许后，密歇根医学院利用 3D 打印机，根据患者胸部的 CT 影像，打印出了气管的形状以及一块夹板，然后将夹板放入患儿胸部，支撑起坍塌的气管，让气流畅通。手术后婴儿使用了 21 天的呼吸机便痊愈出院。

7.1.2　3D 打印技术应用于生物领域的优势

3D 打印技术从组织工程中骨架的创造等多样的医学实际临床应用，已经延伸到组织或器官的生物细胞打印。在完全个性化需求的生物医学领域，3D 生物打印的优势已完全体现出来了。

3D 生物打印以血管再生为核心，构建具有完整生物学功能的组织器官，实现病变、衰老组织器官的精确修复和替代。3D 生物打印可以满足组织、器官移植的需求，涉及工程、生物科学、细胞生物学、物理学和医学，它对组织工程、再生医学和医疗科研都将产生革命性的突破。3D 打印技术在生物医学工程领域是做活体，即把细胞、生物相容性材料堆积成活体结构，可直接制造出身体某个部位内部的仿生微结构，从外形仿生方面可实现患者缺损填充假体的个性化制造。

3D 打印人造器官可以以自身的成体干细胞经体外诱导分化而来的活细胞为原料，在体外或体内直接打印活体器官或组织，从而将失去功能的器官或组织替换，这在某些程度上就解决了移植供体不足的问题。3D 打印人造器官已在器官移植领域获得了一定的成果。

目前，正在探索 3D 打印活体细胞和组织，用来制造出具有完全相同功能的人体器官，为真正的器官移植奠定基础。而 3D 打印技术在其中发挥着独一无二的作用。

任务 7.2 3D 打印技术应用于牙齿的定制

任务描述

传统的定制种植牙操作是由医生为病人制作石膏模具，再把模具送到工厂制作义齿，全程都是人工操作，制作的材料、制作的场地、操作的手法都会成为影响成品准确性的因素。3D 打印技术则是根据缺齿的形状，执行严格的标准程序，可以较快地制作出义齿，误差完全满足医疗要求，且价格低廉。本任务将介绍 3D 打印技术制作义齿的相关知识。

知识准备

目前在牙齿矫治行业，越来越多的公司通过 3D 打印技术来为患者打造个性化定制的隐形牙套。3D 打印技术为患者提供了“量体裁衣、度身定做”的可能。

1. Smartee 无托槽隐形矫治技术

这种技术包括牙颌模型数字化技术、矫治过程的计算机辅助设计技术和基于快速成形技术的矫治器制造技术。

牙颌模型数字化技术采用国际先进的激光 3D 扫描和蓝光 3D 扫描相结合的扫描方法，对牙颌模型进行高精度的直接扫描，扫描精度可达到 1 μm，扫描像素点达到百万级；之后通过专用的三维建模软件，将扫描数据转化为三维数字模型。矫治过程计算机辅助设计技术是以牙颌数字模型为基础，分析和实现主诊医生的矫治方案，并能以加工数字模型的形式输出方案。将数字化牙齿移动模型实体化是隐形矫治的核心技术之一。它是根据医生的矫治方案确定的牙颌模型，再用 SLA，即光固化快速成形来生产矫治过程中的牙颌模型，并以此为基础制造矫治器。这种方法节省了医生与患者的大量时间，患者的矫治过程也更加舒适。图 2-52 所示的是 Smartee 无托槽隐形矫治技术示意图。

2. 3D 打印牙的植入过程

在植入 3D 打印牙之前，要先对病人的口腔进行 3D 扫描，然后医生根据治疗需要进行数字化修饰，并使用 3D 打印机制作义齿，再进行一些表面处理工作，一个完全符合要求的牙冠植入体就算完成了。

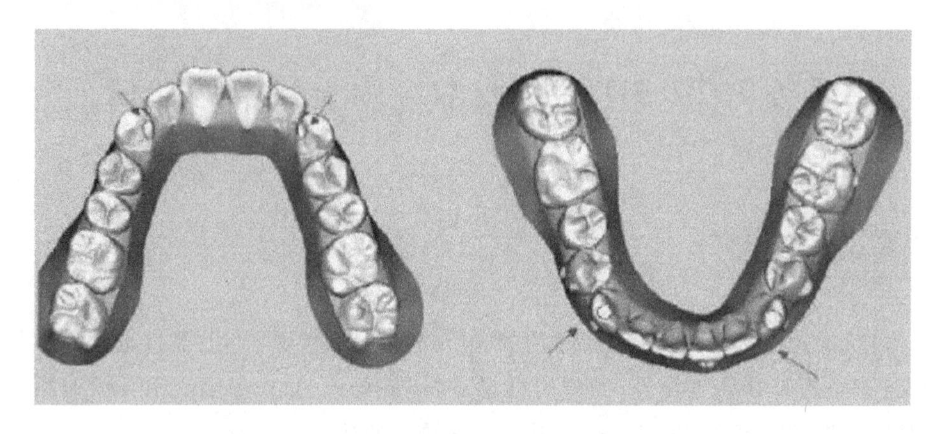

图 2-52　Smartee 无托槽隐形矫治技术示意图

与传统方法比较，这种方法所需时间短、效率高，且制作的义齿精度高，同时具有安装迅速和更舒适的特点。图 2-53 所示的是 3D 打印牙冠植入手术图。

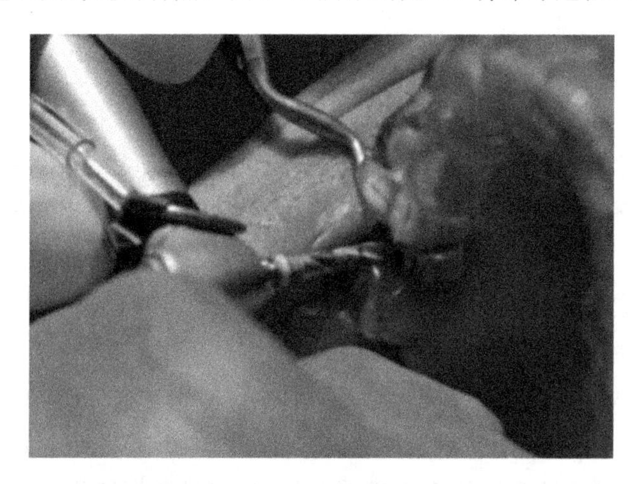

图 2-53　3D 打印牙冠植入手术图

任务实施

7.2.1　牙齿修复

3D 打印技术应用于牙齿整形，主要是应用在口腔修复方面，也就是我们平常说的镶牙(做义齿)。只要对患者的口腔进行 3D 扫描和 3D 建模，就能够得到很高精度的模型。坏掉的牙齿在被三维影像扫描采集图片后，医生就可以在计算机上进行全瓷修复体的设计，之后义齿就可以在 3D 打印设备上“打印”出来，进行抛光后，与天然牙釉质有一样的效果。与原先的咬印模相比，该方法所需时间更短，从原来十五天左右的时间缩短为数十分钟，让消费者节省了宝贵的时间。

7.2.2　种植牙

应用3D打印技术，患者如果要做种植牙，只需在牙科医院拍摄X光片，生成3D数据模型，将数据同步传送到种植牙加工工厂，3D打印设备立刻就能用骨质材料进行打印，制作的牙冠部分和原来一样，并与两边牙齿紧密结合。即使加上中间的运输等过程，患者也可以在几天内就种上新牙。相比于传统的种植牙技术需等待3个月的时间，耗时更短，且更加方便。图2-54所示的是3D打印种植牙齿。

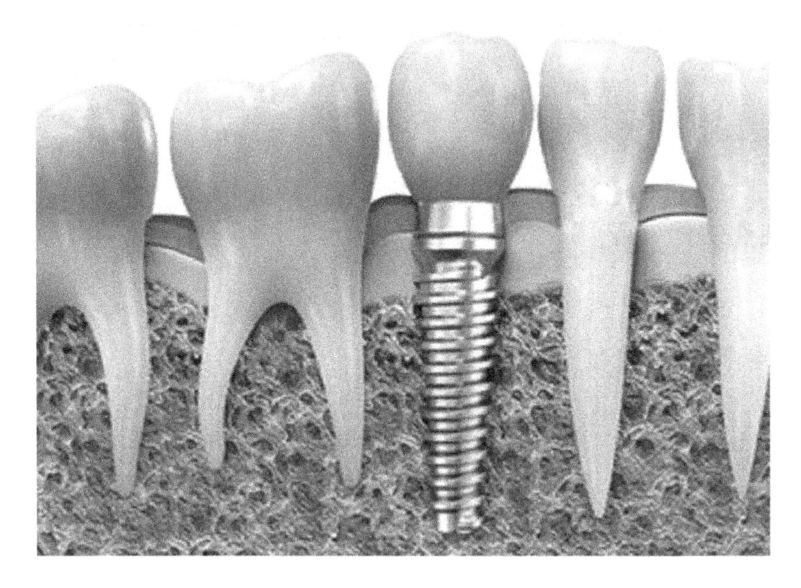

图2-54　3D打印种植牙齿

7.2.3　隐形牙套

因为牙齿不规则，且对精度的要求很高，所以对3D打印参数的调校及设备的精度都要求绝对的精准。利用3D打印技术产出的牙模都是用高精度高强度的高分子材料打印出来的，再通过热压成型技术加工出透明牙套，牙套精度可以达到0.02 mm，这样的精度使患者对嵌入牙套不会有不舒服的感觉。

隐形牙套的生产流程为：印模→扫描→3D建模→数字化模拟矫正设计→3D打印牙模→牙套加工→清洗消毒。3D打印在整个流程中，主要承担着定制不同矫正阶段牙齿模型的任务。牙齿模型制作完成后，再利用热成型工艺将透明膜片包裹在模型上，从而制作出适合患者的隐形牙套。图2-55所示的是利用3D打印技术制作的隐形牙套。

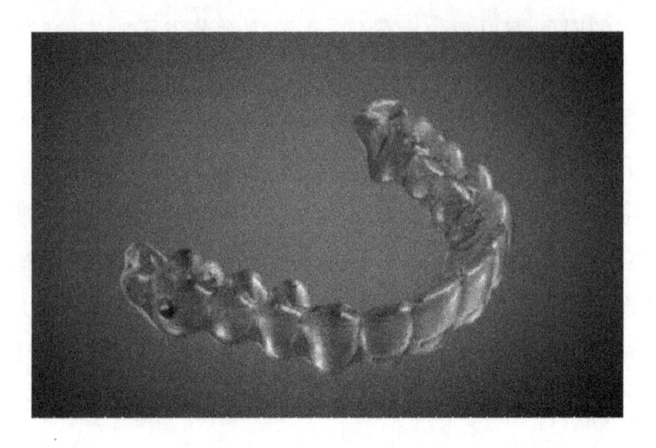

图 2-55　利用 3D 打印技术制作的隐形牙套

任务 7.3　3D 打印技术应用于人头骨骼的定制

任务描述

3D 打印技术可用于修复头骨，如癌变的患者、车祸伤者，以及其他头部受损严重的伤者。本任务主要介绍 3D 打印修复头盖骨的技术。

知识准备

人体关节、骨骼等因创伤、肿瘤切除、炎症等造成的骨缺损，往往需要制作人工关节、头盖骨、下颌骨等个性化植入部分。而这项手术主要的难题是制作形状、尺寸完全符合要求的修复骨头，3D 打印技术能够成功完成这一任务，并帮助因疾病或外伤受损的骨头复原。这项技术的出现使得外科手术和整个整形界深受影响。

1. 3D 打印实现手术演练

以往，骨科手术主要依靠患者创伤部位的 X 光片与 CT 影像作为手术准备的依据。而平面化的 X 光片与 CT 片只有受过良好训练的医生才能读懂，遇到复杂、精细的手术难度就更大了。现在，将患者需手术部位的影像数据输入计算机进行处理，构建 3D 模型，然后输入 3D 打印设备，很快就可以制作出实体模型。医生可用该模型来进行手术准备及手术方案制定。手术前，医生可通过这个模型进行模拟手术，将所有手术中可能遇到的难题提前演练，使得手术更加精准和安全，提高手术效率、缩短手术时间、减少手术出血。依靠前期演练可缩短手术 1/3 的时间，这将大大减轻患者的术中不适，减少术后感染等并发症的发生。

2. 3D 打印制作植入体

目前，我国部分医院已开展利用 3D 打印模型，帮助患者修复颅骨缺损、修整下巴、垫高鼻子、重塑颧骨和设计各种头、面部的手术。图 2-56 所示为采用 3D 生物打印技术进行颌面骨修复的模型。应用 3D 打印技术结合三维 CT 数据和计算机辅助设计来制作个性化人工骨，可用以修复下颌角截骨整形术后的骨缺陷，矫正下颌骨不对称。

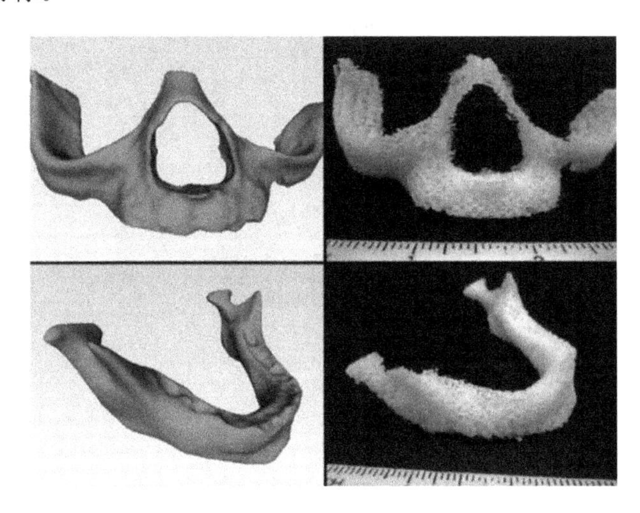

图 2-56　3D 数字模型(左)和 3D 打印模型(右)

目前应用的 3D 打印技术仍属于初级阶段，但可帮患者提前设计手术，降低手术难度。未来，3D 打印技术或将可实现人体器官的打印，为患者打印出所需要的人体个性化“零部件”。

7.3.1　人造脊椎

3D 打印技术在脊柱外科的临床中有成功的应用。利用 3D 打印技术，依照患者的解剖结构，可制造出与患者 5 节脊椎形态、长度相仿的人工椎体。人工椎体的特殊之处在于能被制成海绵状的微孔结构，类似人体骨头中的骨小梁。有了这种“骨小梁”，相邻的正常脊椎的骨细胞可以长入其中，最终实现骨融合。3D 打印人工椎体将给更多处于病痛中却无良方的患者带来福音。图 2-57 所示的是 3D 打印人工脊椎。

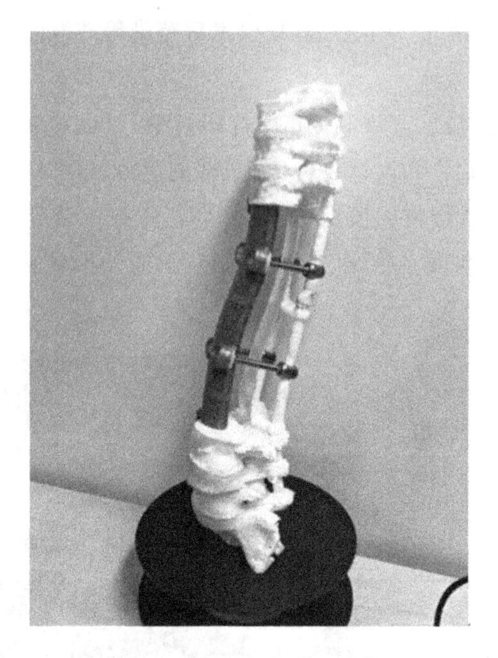

图 2-57　3D 打印人工脊椎

7.3.2　修复头盖骨

全球每年有数百万人因为交通事故导致骨折和骨裂，传统方法很难进行修复。而现在，可利用 3D 打印技术，通过扫描得到伤者受伤骨的模型，就能够通过 3D 打印制作出替代骨来。

3D 打印技术用于修复头盖骨也有成功的案例。在 2014 年就已经产生了全球首个使用 3D 打印头盖骨的成功案例。当时，荷兰一名 22 岁的女子因患慢性骨病，使得头骨厚度大幅增加，面临死亡。无奈之下，医生尝试进行手术将其头顶的骨头移除，然后植入 3D 打印头盖骨，结果大获成功。当时采用的是耐用性较好的塑胶材料，病人在身体恢复之后就能正常工作和生活。

2016 年 5 月，波士顿儿童医院的外科医生也使用 3D 打印技术帮助婴儿进行了脑部手术。当时患者严重脑膨出，医生们在手术规划中使用了变形头骨的 3D 打印模型，通过对患者进行头部扫描来收集光学数据并完成 3D 打印。外科医生在进入手术室前，先在病人的头骨塑料模型上进行了反复练习。3D 建模根据病人的头颅情况设计出健康头颅的完美比例，然后通过 3D 打印植入体实现个人定制化服务。除此之外，这种 3D 打印植入体降低了人类身体发生排异反应的概率，融合程度也很高。图 2-58 所示的是婴儿头骨模型。

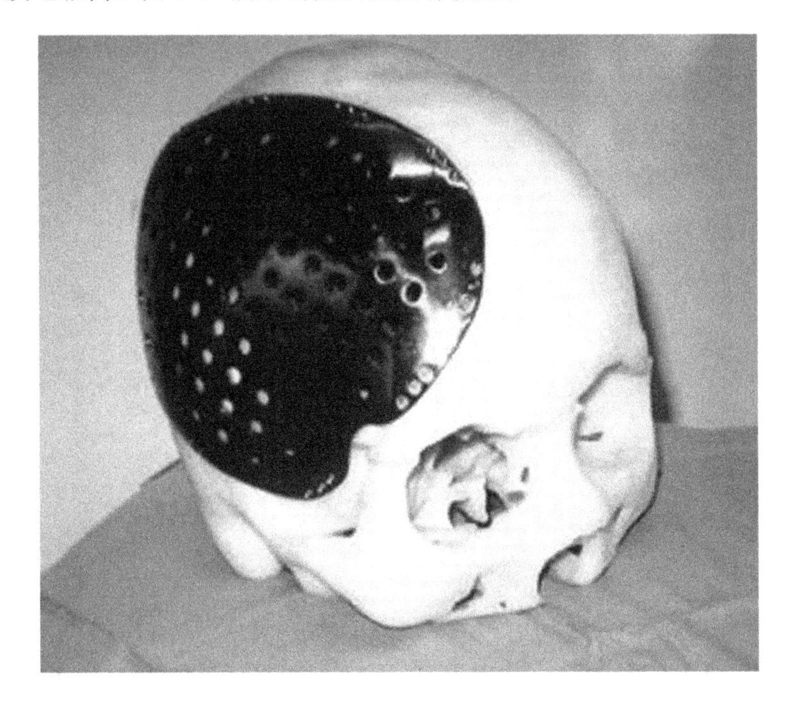

图 2-58　婴儿头骨模型

7.3.3　髋关节定制

人工髋关节也能通过 3D 打印进行量身定制。由爱康宜诚医疗器材股份有限公司联合北京大学第三医院开发的 3DACT 技术将与人体高度相容的钛合金作为成形材料，通过 3D 打印制作出了与患者解剖结构高度吻合的钛合金植入体。应用该技术可制作个性化的产品，实现“量身定制”，产品的匹配性好。此外，金属骨小梁结构的多孔骨结合界面，初始稳定性极好，待骨细胞长入金属骨小梁孔隙内形成融合性骨整合，可带来长期的稳定，这是传统加工工艺所无法实现的。到目前为止，使用该技术已经在全国范围内多家医院成功完成 600 余例手术，其中包括多例髋关节翻修、先天性髋关节发育不良等疑难病例。

3D 打印人工髋关节假体置换术是在确定手术方案后，对伤者的伤部髋关节进行 CT 扫描，根据扫描数据建立数字模型，然后以钛合金为原料，利用 3D 打印技术为伤者“量身定制”金属骨小梁人工假体。如果是普通的人工关节假体，固定起来会不那么牢靠，而 3D 打印钛合金关节，两周左右就可以与真骨融合，二者特别像十指紧扣的双手，紧紧地交织成一体，且假体使用年限可以是无限期。图 2-59 所示的是 3D 打印人工髋关节假体。

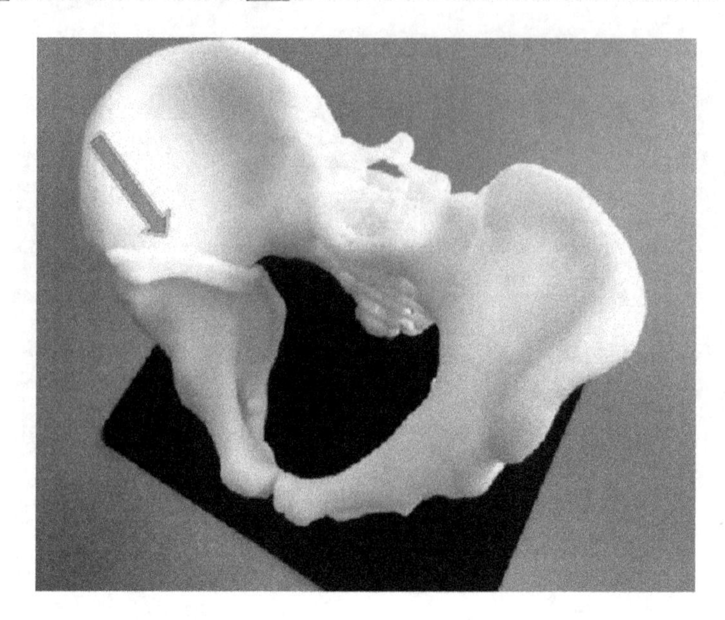

图 2-59　3D 打印人工髋关节假体

任务 7.4　3D 生物打印技术应用于活体生物的打印

3D 生物打印技术是在 3D 打印技术的基础上，以活细胞为原料打印活体组织的一种技术。3D 生物打印技术已在再生医学及器官移植领域取得了一定的成果，被应用于皮肤、骨骼、人造血管、血管夹板、心脏组织和软骨质结构的再生与重建。本任务将介绍 3D 生物打印技术在组织再生和器官移植上的应用。

1. 3D 生物打印的概念

3D 生物打印是利用增材制造原理，以加工活性材料包括生物材料、生长因子、细胞等为主要内容，以重建人体组织和器官为目标，跨学科和领域的新型再生医学工程技术。3D 生物打印技术代表了 3D 打印技术的最高水平。

2. 3D 生物打印的分层

①第一个层次没有生物相容性要求，可以用普通材料打印，例如医疗模型和

体外医疗器械。目前第一层次的技术已经突破了，正在普及推广阶段。

②第二个层次是有生物相容性要求，要进入人体，但是不需要降解，以陶瓷和金属为例，属于永久植入。目前正在研究和临床试验阶段。

③第三个层次比第二个再高一些，材料可以降解，更为重要的是刺激它能够打开人自身修复的机制，即组织工程支架的概念。随着组织生长的要求，打印植入体慢慢降解，把位置让给新生组织，甚至打开新生组织生长机制。清华大学通过低温沉淀成形制造的3D打印模型做了一些临床动物试验，对照起来发现有明显的好处。

④第四个层次是以活性细胞、蛋白质或其他细胞外基质为材料打印活体组织，远期目标是将打印的活体组织用到人身上。这个层次属于前沿科学，是现代意义上的3D生物打印，这也是目前科研重点攻克的方向。

3. 3D生物打印技术应用于器官移植的现状

近年来，3D生物打印开始逐步应用于人体器官移植。据统计，我国每年大约有150万器官衰竭患者，有30万适合用器官移植方式治疗，但是目前仅有1万余人能得到器官移植的救治，有限的活体器官来源满足不了患者需求。大多数患者在等待配体的过程中病情恶化甚至离世。我国目前已有不少专家在进行活体器官打印的研发。随着被称为“人类另一个登月计划”的3D生物打印技术的出现，或许打印活体器官在不久的将来就会实现。这一大胆的想法是用“生物墨汁”通过3D打印机，打印出1∶1的仿生器官模型，再通过体外培育细胞组织为模型注入“生机”，最后再植入人体内替代病变的器官，实现器官移植。

目前人类的3D打印组织在制造过程和医疗植入方面依然处于非常初级的阶段，要实现从观赏性到功能性的改变，还需要打印材料、器官精确数据等多个方面的技术性突破。

7.4.1　人工耳朵

研究人员使用的新方法是：首先用3D扫描仪获取患者健康耳朵的3D结构模型，然后利用软件计算出另一边耳朵应有的模样，最终用3D打印机把计算机中的3D模型打印出来。随后，研究人员将一种高密度的凝胶灌入该模型内，这些凝胶由约2.5亿个牛的软骨细胞和从鼠尾提取的胶原蛋白(作为支架使用)制成。15 min后，研究人员将得到的耳朵移出并在细胞培养皿中培育。3个月的时间内，软骨就可以取代胶原蛋白。为了检验打印成品的生物功能，研究人员在动物身上做了许多实验，如把 3D 打印人耳移植到一只老鼠身上，2 个月后，这个耳朵仍保持着最初形态，毛细血管组织和其他血管也都长出来了。同样在老鼠身上试验成功的还有人体肌肉组织。另外研究人员还用干细胞做出了部分人体颌骨结构，并移植到了老鼠身上，5 个月后，这部分结构成功长出了血管化骨组织。这些成功的研究结果，使得未来 3D 打印骨组织还可能用在整容上。图 2-60 所示的是 3D 打印假耳移植到人体上的效果。

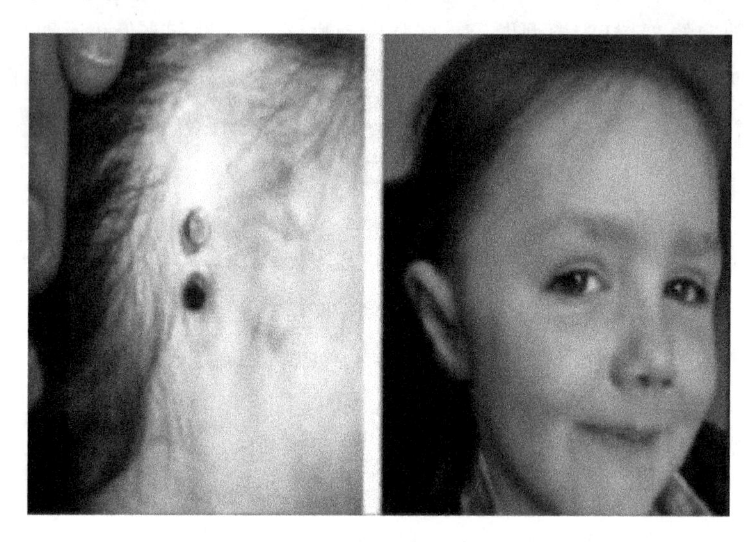

图 2-60　3D 打印假耳移植到人体上的效果

每 1.25 万名儿童中就有 1 名儿童罹患先天性小耳畸形(microtia)，患者由于外耳发育不良或畸形会丧失听力。与合成植入体不同的是，这种由人体细胞培育而成的耳朵能更好地同人体相结合。

7.4.2　人造血管

由于心脑血管疾病的不断增多，临床上对血管移植物的需求更加明显。研究利用 3D 打印技术方便快速地制造出可供移植的血管并进行血管修复已经有成功的案例。我国在 2015 年首创用 3D 打印制作出人造血管。2017 年 3 月，我国四川的研究人员用 3D 生物血管打印机打印出了血管独有的中空结构和多层不同种类的细胞。图 2-61 所示的就是刚刚打印出来的生物血管，外层是人工血管，里面半透明的物质是生物砖。

科研人员将一段 3D 生物打印血管移植到猴子体内(猴子的基因和身体结构同人类比较接近)，选择的部位是猴子的腹主动脉，这段动脉的内径是 6 mm，和人体下肢的动脉血管粗细相当。科研人员用线将打印的血管与猴子体内的血管缝合在一起，在经过 62 天的生长后，通过 B 超发现血流很好，通过 CT 发现植入的血

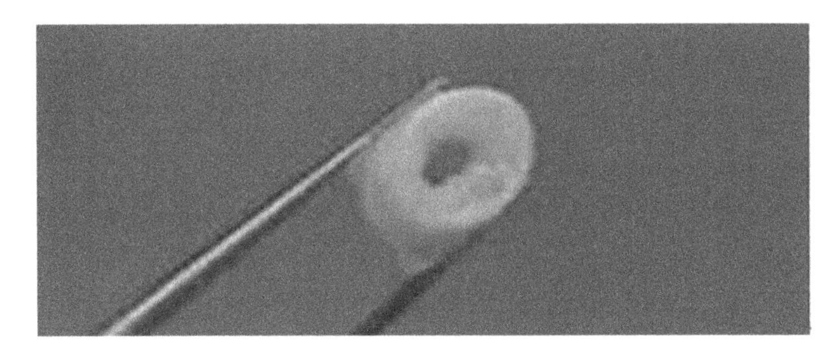

图 2-61 3D打印血管

管与猴子自身的血管长得非常相近,结合得也很好。图 2-62 所示的是移植到猴子体内的人造血管的 X 射线图。

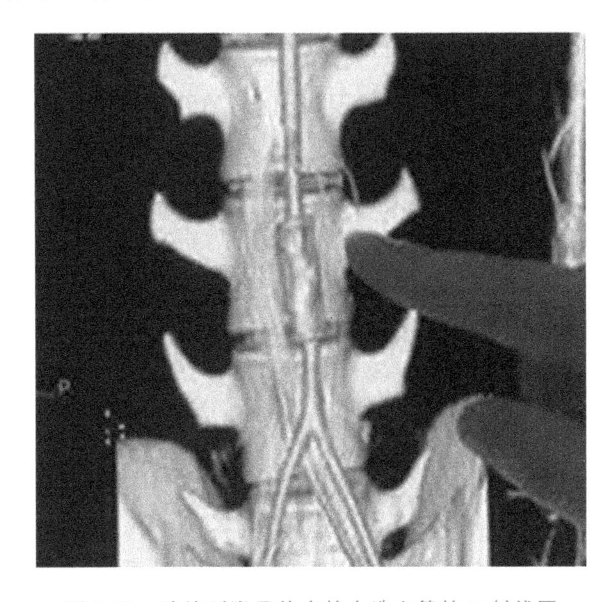

图 2-62 移植到猴子体内的人造血管的 X 射线图

2017 年 3 月,美国加州大学圣地亚哥分校(UCSD)在 3D 生物打印方面取得了重要突破。利用自行研制的数字光处理(DLP)3D 打印机,他们成功打印出了复杂的血管网络,而此网络在被植入小鼠体内后居然成功与后者的血管系统实现了融合,并且表现出了正常的功能。该项目有几个明显的优点:基于真实的人类血管扫描数据,所以打印出的血管更复杂,连毛细血管都包含;采用的材料除了光敏聚合物还包括了水凝胶和内皮细胞,所以血管网络的兼容性更好;光敏聚合物的成本很低;打印速度非常快,整个过程只用了十几秒(当然也是因为血管网络本身就很小,尺寸仅为 4 mm×5 mm×0.6 mm),而如果用挤出式 3D 打印技术,可能要数小时。在花费 1 天时间培养了一些这样的 3D 打印血管网络后,研究人员将它们植入了小鼠的皮肤伤处。两周后,他们惊喜地发现,这些人工血管不但与小鼠自身的血管网络成功融合,而且没有出现任何堵塞情况——小鼠的血液循环十分正常。毫无疑问,这为人类的器官移植带来了新的希望。当然,该技术要真正应用还需要进一步的研究才可能实现,因为这种 3D 打印血管网络目前还不具备天然血管的所有功能,比如交换输送营养物质及废物。下一步,他们将尝试利用人类的诱导多能干细胞创建活体组织,从而避免这类组织移植后发生排异反应。

德国研究人员利用 3D 打印双光子聚合和生物功能化修饰制作出的毛细血管,具有良好的弹性和人体相容性,不但可以用于替换坏死的血管,还能与人造器官结合,且可能使构造的组织与器官实现血管再生。

7.4.3 皮肤移植

3D 打印能够制造人造皮肤以用于烧伤患者的皮肤移植。其制造步骤为:首先,一个定制的生物打印机对病人的伤口进行扫描并标示出需要进行皮肤移植的部位;随后,一个喷墨阀喷出凝血酶,另一个喷墨阀喷出细胞、胶原蛋白以及纤维蛋白原(凝血酶和纤维蛋白原会相互反应制造出凝结剂血纤维)组成的混合物;然后,生物打印机打印出一层人体成纤维细胞,随后再打印出一层名为角化细胞的皮肤细胞。

在传统的皮肤移植手术中,医生们会从身体的某个部位提取细胞并将其胶结在另一个部位。而 3D 激光辅助生物打印技术能够以逐层的方式制造有机组织,在激光的辅助下精确定位皮肤细胞在三维整体结构中的位置。通过这项技术打印出来的皮肤经过培育最终能得到和原始皮肤等效的人体真实组织。图 2-63 所示的是 3D 打印人造皮肤移植片。

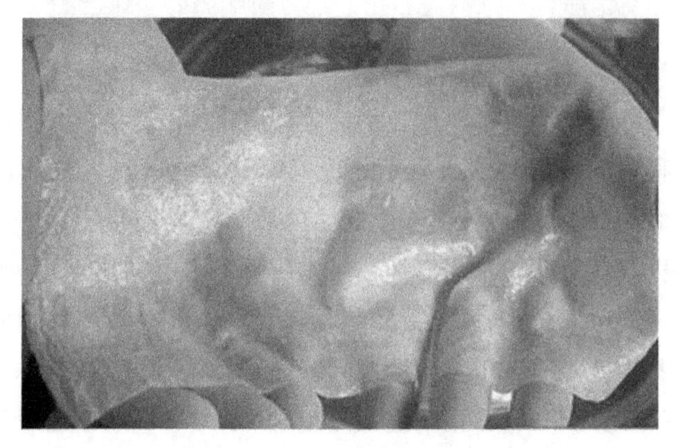

图 2-63　3D 打印人造皮肤移植片

参考文献

[1] 杨永强，刘洋，宋长辉. 金属零件 3D 打印技术现状及研究进展 [J]. 机电工程技术，2013(4)：1-7.

[2] 朱伟军，李涤尘，任科，等. 基于 3D 打印的舵面可调实用化飞机风洞模型的设计与试验[J]. 航空学报，2014，35(2)：400-407.

[3] 张桂兰. 解密 3D 打印[J]. 印刷技术，2013(19)：42-45.

[4] 龚运息，陈晨，夏名祥，等. FDM 3D 打印模型表面阶梯效应的分析[J]. 制造技术与机床，2016(4)：27-30.

[5] 闫景玉，马俊飞，陈龙，等. EBM 成形零件后处理工艺研究[J]. 教练机，2016(2)：25-28.

[6] Zinniel R L. Vapor smoothing surface finishing system：US，8075300[P]. 2011-12-13.

[7] 孙柏林. 试析"3D 打印技术"的优点与局限[J]. 自动化技术与应用，2013，32(6)：1-6.

[8] 邱青松，曾忠. 3D 打印技术的优越性与局限性[J]. 印刷质量与标准化，2015(2)：18-21.

[9] 王春华，傅延生，丁万里，等. 基于光固化原型的硅橡胶制模技术[J]. 模具技术，1999(6)：69-71.

[10] 王艳萍. 基于硅胶模技术的小批量塑料件快速制造[J]. 塑料科技，2009，37(11)：62-65.

[11] 黄天佑，黄乃瑜，吕志刚. 消失模铸造技术[M]. 北京：机械工业出版社，2004.

[12] 陶杰. 消失模铸造方法与技术[M]. 南京：江苏科学技术出版社，2003.

[13] 詹建军. RP&RM 在硅胶模制造中的应用分析[J]. 现代制造，2014(12)：99-100.

[14] 欧智华. 硅胶快速模具真空注型过程 CAE 分析[D]. 天津：天津大学，2008.

[15] 任旭东，张永康. 激光冲击改性与延寿技术[M]. 北京：机械工业出版社，2011.

[16] 徐滨士，朱绍华. 表面工程的理论与技术[M]. 北京：国防工业出版社，1999.

[17] 周元康,孙丽华,李晔. 陶瓷表面技术[M]. 北京:国防工业出版社,2007.

[18] 刘立君,李继强. 模具激光强化及修复再造技术[M]. 北京:北京大学出版社,2012.

[19] 张玉庭. 机械零件选材及热处理设计手册[M]. 北京:机械工业出版社,2014.

[20] 张玉龙,石磊. 塑料着色技术300问[M]. 北京:中国纺织出版社,2011.

[21] 王秀峰,罗宏杰. 快速原型制造技术[M]. 北京:中国轻工业出版社,2001.

[22] 卢清萍. 快速原型制造技术[M]. 北京:高等教育出版社. 2001.

[23] 朱林泉,白培康,朱江淼. 快速成型与快速制造技术[M]. 北京:国防工业出版社,2003.

[24] 王学让,杨占尧. 快速成型理论与技术[M]. 北京:航空工业出版社,2001.

[25] 许廷涛. 3D打印技术——产品设计新思维[J]. 电脑与电信,2012(9):5-7.

[26] 邵宇. 3D打印技术的发展与产品设计民主化[J]. 工业设计,2013(3):65-67.

[27] 李丹,田航. 3D打印技术在产品设计领域应用的优势[J]. 艺术教育,2014(9):279.

[28] 鹿双岭. 浅议3D打印技术在艺术设计领域中的应用[J]. 科学与财富,2016,8(5).

[29] Gaebel R, Ma N, Liu J, et al. Patterning human stem cells and endothelial cells with laser printing for cardiac regeneration[J]. Biomaterials, 2011, 32(35):9218-9230.

[30] Pati F, Jang J, Ha D H, et al. Printing three-dimensional tissue analogues with decellularized extracellular matrix bioink[J]. Nature Communications, 2014, 5:3935.

[31] 笪熠,陈适,潘慧,等. 3D打印技术在医学教育的应用[J]. 协和医学杂志,2014(2): 234-237.

[32] 徐旺. 3D打印:从平面到立体[M]. 北京:清华大学出版社,2014.

[33] 郭鹏,林慧宁,姜光瑶,等. 3D生物打印技术与器官移植[J]. 四川解剖学杂志,2015,23(2):34-36.

[34] 中国机械工程学会. 3D打印 打印未来[M]. 北京:中国科学技术出版社,2013.

[35] 石静,钟玉敏. 组织工程中3D生物打印技术的应用[J]. 中国组织工程研究,2014,18(2):271-276.

[36] 陈志浩,伍丽青,朱振浩,等. 三维打印技术在人体器官打印中的应用[J]. 广东医学,2014,35(23):3754-3756.

[37] 朱诗白,蒋超,叶灿华,等. 3D 打印技术在骨科领域的应用[J]. 中华骨质疏松和骨矿盐疾病杂志,2016,9(1):88-93.

[38] 朱信心,周爱梅,杨柳青,等. 生物 3D 打印在医学中的应用[J]. 肿瘤代谢与营养电子杂志,2016,3(2):127-130.

[39] 孙悦,胡建东,宁雪莲,等. 3D 打印技术在生物中的应用与进展[J]. 国际遗传学杂志,2016,39(6):321-326.